失速社會裡，狡猾思考是你最強的武器

瑞昇文化

序

常被主管要求要「動點腦筋」，但老實說要如何動腦筋實在無從著手。
也許是因為不擅長邏輯思考，對於自己所說的話總覺得缺乏說服力。
動腦筋思考總覺得太麻煩，於是就憑著直覺來決定事情。
即使想破頭，具有創意的點子就是想不出來。

假如讀者有這樣的煩惱，但錯並不在你。只是因為可正確地傳授「思考」祕訣的人，你到現在都還沒遇見過。

其實，有人可給你特別的提示。那就是……

數學式思考的人

正確地學習「數學」的人，在腦海中很自然就可進行思考。邏輯思考易如反掌，而且對於思考毫不覺得麻煩。源源不絕地產生出創意的點子也是其擅長。

也就是說，「數學」可說是一門訓練「思考能力」的學問。

而提倡能鍛鍊從商人士的思考能力及數字運用能力的「商用數學」的筆者我，正是這種「能利用數學方式思考」的人之一。對「不知如何思考」而困擾不已的讀者，傳授迄今鮮為人知的祕訣。

本書兩位主角係以故事的形式上場演出。粉領族的佐織與專攻數學的研究所學生優斗之間展開的對話，或許也是讀者與作者之間的對話。

優斗並非從事商業之人士，不過，在「思考」這一主題上是位非常值得信賴的人，何妨稍微窺視一下他是如何進行思考的。可了解到具有數學式思考的人，他們在討論、決定或產生創意點子時都會利用本書所介紹的20項「思考祕訣」。

以下就開始敘述故事，我們在「結語」時再見。

深沢真太郎

主要登場人物介紹

常盤佐織

在廣告公司上班，29 歲，文組中的文組。個性開朗、隨和，但不擅長思考，容易感情用事。或許因這緣故，最近工作推展並不順利。

淺野優斗

專攻數學的 23 歲研究所學生。
喜歡思考，一碰到任何問題總會設法解決的一種個性。
每天都埋首於數學的專門研究領域。

目錄

——失速社會裡，狡猾思考是你最強的武器——

序

序言　確實地「三思」而後行？　10

第1章

「邏輯思考」的基本

THINK 01　不再「假裝正在動腦筋思考」！　22

THINK 02　「逆向思考」是怎麼一回事？　30

THINK 03　簡單來說「邏輯思考」是怎麼一回事？　38

THINK 04　為何「根據總是要有三個」？　49

COLUMN 1　用線連結起來進行論述　58

第2章

從明天開始就可運用！有條不紊地論述的思考祕訣

THINK 01 為何我無法歸納「整理」？ 60

THINK 02 被稍微深入地質疑就啞口無言，為何？ 70

THINK 03 口條清晰地論述的武器！ 80

THINK 04 想要駁倒對方，「僅用感情論」已經不管用！ 91

COLUMN 2 只有數字及計算才是數學？ 102

第 3 章

向優柔寡斷說再見！迅速「決斷」的思維祕訣

THINK 01 為何我會優柔寡斷呢？ 104

THINK 02 判斷基準無法聚焦時應如何是好？ 114

THINK 03 被問到「有何根據」時，感到窘態畢露…要怎麼辦呢？ 125

THINK 04 傳授「如何決策」的終極方法！ 134

COLUMN 3 因具有邏輯就可果斷決定 144

第 4 章

產生嶄新的創意點子！學習構思力的思考祕訣

THINK 01 究竟要如何才能產生出有創意的點子？ 146

THINK 02 有可以鍛鍊創意構思力的祕訣嗎？ 158

THINK 03 請我更多鍛鍊構思力的祕訣！ 166

THINK 04 「這很新穎別緻喔」很想產生出被如此形容的創意點子！ 174

COLUMN 4 超乎常識之外地思考也非常重要 188

第5章

利用這個就可解決問題！數學人狡猾的思考方式

THINK 01 所謂的聰明與非聰明的人有何不同？ 190

THINK 02 我也想成為能「狡猾聰明」地思考的人！ 199

THINK 03 想獨力解決問題！ 210

THINK 04 「思考」果然會變成武器！ 218

COLUMN 5 所謂的解決問題是什麼呢 228

結語 不再逃避「思考」 230

後記

插圖 小倉Mayuko
本文設計・DTP 初見弘一

PROLOGUE

—序言—

確實地「三思」而後行？

序言

確實地「三思」而後行？

常盤佐織（29）在廣告公司上班

「這次實在非常對不起。」

以45度的最敬禮，向公司重要廣告主鞠躬道歉的這位小姐叫常盤佐織，服務於一家大型廣告公司。

這裡是某化妝品公司大阪分公司的會議室，在佐織面前，坐著一位叫做小野寺的男士，是這家公司的宣傳部長，佐織不斷地向他道歉。

「發生了這種事實在拿妳沒辦法。請抬起頭來。」

佐織抬起了頭。不過，小野寺依舊蹦著一張臉。

生氣的原因是佐織犯了一些疏忽。

因工作的安排並不順利，結果，促銷活動的網站無法如期交貨，造成很大的困擾。

「都是因為我沒有確實掌握這項工作的計畫進度，真的很對不起。」

佐織在學生時代個性隨和、開朗，身邊有不少男性與女性朋友。孩提時也曾經是電視兒童，因此，不知不覺間開始嚮往起廣告業界的華麗景象。

「或許能見到藝人、明星」，多少也懷有一些這種追星族的動機下，於七年前學校剛畢業就進入現在這家廣告公司服務。

但是，現在碰到這種情形，佐織也不得不收斂起原本的「隨和、開朗」。

「不過，發生這種事，今後和貴公司合作會有些困難了。這妳能了解吧？」

「……是。」

「常盤小姐，我認為妳工作確實很認真，而且精力充沛這點也是很棒的人格特質。不過……」

「是。」

佐織有所覺悟，靜待小野寺繼續往下說。

「妳有確實『三思』而後行嗎？我認為妳若稍加用心思考的話，理應不會發生這種事。」

這番話猛觸及佐織的內心深處。

因為這幾年來不斷受到公司同事及主管的提醒，也就是說，佐織本身現在更深刻體會到這一「課題」的重要性。

從新大阪站出發的「希望號列車（NOZOMI）」上的邂逅

時間剛好是18時。新大阪站的新幹線月台響起了發車的鈴聲。

緊接著就是往東京的「希望號列車」的發車時刻。道歉後傷心不已的佐織，從冬天寒風凜冽的月台走入「希望號列車」後，開始找尋自己的座位。

「……（哎呀~真受不了！今天簡直糟透了……嗯，『7D』在哪呢）」

佐織找到自己的座位匆匆地坐下後，雙手仍抱著滿滿的一大包行李，同時喘了一口氣。無意中瞥了一眼坐在隔壁的男士。

「……？（咦，是學生吧？不過，他正在看的書似乎很難……好厲害）」

為何認為他是學生呢？當然是外表年輕，還有他正在閱讀的書看起來像是數學或物理之類的英文學術書籍，同時手邊還放著方格筆記與筆之故。

列車從新大阪站出發，車內乘客中似乎有往東京方向的上班族而顯得擁擠不堪。

佐織回想起剛剛小野寺所說的話。心情已經好久沒這般被刺痛的感覺。佐織不知不覺間長吁短歎了好幾回。

「……（『三思』嗎……感覺之前確實都是憑著隨和與一股衝勁在做事。今後已經不能再這樣了嗎……）」

佐織忽然發現坐在隔壁的年輕人不時地瞥視著她。而這位年輕人也察知佐織已經發現了，於是難以啟齒似地說道。

「啊，那個……」

「咦？（有事嗎）」

「那個……妳的行李超出範圍了……」

「咦？」

佐織總算發現自己坐下後雙手仍一直抱著一大包行李，而且這行李很巧的就跨越在這年輕人的手腕上。而且，車內儘管開著很強的暖氣，但她依然穿著外套，難怪鄰座的年輕人也覺得怪怪的。

「啊！對不起。（不妙，老毛病又犯了）」

佐織苦笑了一下，好不容易才將行李及外套放置在座位上方的架子上，在一身輕鬆的狀態下重新坐回位置上。也許是因為粗枝大葉的個性，這種小過失已是家常便飯了。

鄰座的年輕人若無其事地一面閱讀，一面做筆記，並不時停下筆來陷入深思。修長的身材加上一頭飄逸的頭髮。仔細一瞧，長得眉清目秀的容貌和最近在電視劇裡火紅的年輕演員有幾分類似。

「啊……（在『思考』嗎……他現在想什麼呢……）」

鄰座的年輕人再次寫起來，然後又停下來，開始在思索什麼。仔細瞧去，他似乎樂在其中，還面帶微笑。

「……（像這樣的人，腦袋裡面不知裝著什麼東西，至少和我的是截然不同的構造吧……）」

佐織邊在心中嘟囔著邊看著這年輕人的側臉，意外地和年輕人的視線相接。

「……？」

「啊，不，對不起。」

年輕人用詫異的眼神看著佐織。

不禁感到難為情的佐織為化解這種尷尬氣氛，趁勢開口攀談了起來。

淺野優斗（23）大學研究所學生

「那是本什麼樣的書呢，好像很艱深的樣子。是數學或物理的教科書嗎？你外表看起來很年輕，是理工科的學生嗎？我大學時代讀文學院，幾乎沒讀過這類的書籍。曾加入女子足球社，而且還是相當偏重體育類型的人。」

「……」

「啊，我叫常盤佐織。在東京某家廣告公司上班，已經工作七年了。」

「……」

這番話完全讓年輕人不由得退避三舍。不過，對於跟誰都可以立即拉近距離的佐織而言，他的這種反應也只是家常便飯，完全不會感到陌生。

「嗯，再來換你囉！」

「欸？……什麼。」

「那麼，請從姓名開始。」

「哦，我叫淺野優斗。專攻數學的研究生。嗯……大學就在東京，今天有一場數學研究發表會，所以才去了趟大阪。」

徹頭徹尾超文組的佐織，以前最討厭的學科就是數學。

對於佐織而言，研究數學的人簡直就是難以理解的人種。

「數學研究發表會……是什麼樣的世界呢，我完全難以想像（苦笑）。內容到底是什麼呢？」

「嗯，我發表的題目是圖形理論（Graph Theory）。網路最短路徑問題如何應用於資訊科學。此外，做為碩士論文的題目，討論有關組合最佳化(combinatorial optimization)理論與其演算法（Algorithm）……」

「是，停~，了解了解。」

「咦?組合最佳化理論，妳懂嗎？」

「怎可能會懂?這種東西。」

看著眼睛睜得大大的優斗，佐織噗哧一笑。

「嗯，可稱呼你優斗嗎？」

「咦？可以啊。」

「不好意思打擾你讀書。方便問一些問題嗎……」

「請，請說……」

遭遇大挫敗，剛道完歉的佐織，在抵達東京的兩小時半車程中，因意志消沉，本來打算就一直癱坐到終點站，但她現在斷然決定試著和這位叫做優斗的年輕人繼續對話。

因為在佐織的腦海中不斷湧出「疑問」。

「你從剛剛就一直邊讀邊思考吧？」

「……嗯。」

「所謂專攻數學的研究生，每天都像這樣解析或思考問題嗎？」

「……是的。」

「學習數學這麼有趣喔？」

「嗯。從很早以前就養成有任何問題就想趕快解決的個性。」

「思考問題會不會覺得很煩？」

「哦，不……我反而覺得很快樂。」

此時，車內響起了「本列車即將抵達京都車站」的廣播。

「呃……我問你一件事，你不要笑我喔。」

「嗯……」

接下來，佐織要向優斗提出的，是她在公司裡從未曾向任何人問過的問題。不，回顧一路走來的人生，或許她從未有過這個疑問。

在這種意義上，對於佐織而言乃是「感到丟臉，直到現在都難以啟齒，不過，現在卻是最感到鬱卒的問題。」。

不過，今天偶遇坐在隔壁的優斗，只是個學生，以後應該也不會再遇到，所以沒必要覺得丟臉。

雖然猶豫了一下，但佐織鼓起勇氣，決定要向優斗提問。

「請問……所謂的『思考』，要如何才能做到呢？」

第 1 章

「邏輯思考」的基本

《 THINK 《

01 不再「假裝正在動腦筋思考」！

02 「逆向思考」是怎麼一回事？

03 簡單來說「邏輯思考」是怎麼一回事？

04 為何「根據總是要有三個」？

不再「假裝正在動腦筋思考」！

所謂「思考」的出發點

「啥……？」

「啊哈哈。會有這種反應是理所當然的。很笨吧？」

「不，不會啦。」

「我大學是讀文組的，在這一路走來的人生當中，幾乎不曾和像你這般腦筋聰明的理工科系同學認真的談過話。因此，想請問你一下。」

佐織決定坦率地說出自己的遭遇。

這是今天所發生的事情。一直在逃避「自己思慮不周」的問題。從學生時代開始，優點就只是隨和與一股衝勁而已。而且，（雖然不想承認）現在自己工作不順利，和同事之間也有段差距。

「原來是這樣……」

對於話匣子一打開就停不下來的佐織所說的話，優斗一直仔細聆聽，直到最後才隨聲附和。

「見笑了。」

「像我這樣的學生大概幫不上忙。不過，我或許很幸運。」

「幸運？為什麼？」

「這……因為有機會和佐織這般的美女說話啊。」

對於面無表情的優斗這般意外的「標準答案」，佐織報以微微一笑。

「那麼，重新問一下，所謂的『思考』要如何做呢？」

「妳已經在工作了，對於思考這種事不是很稀鬆平常嗎？」

「是沒錯，不過……自己雖然也想要好好思考，但實際上感覺只是像在思考的樣子而已。總會覺得我漏掉了重要的事情。所謂的『思考』，究竟要從何處著手呢？」

聽到最後那句話的瞬間，優斗注意到佐織所提的「最初的問題」。

一分鐘，請思考看看。

「原來如此……佐織小姐，現在開始，我出題目考妳如何？」

「咦？」

「有關於『數字』方面，說什麼都可以，一分鐘，請思考看看。」

「咦？」

「不接受提問。一分鐘，開始。」

佐織雖然不知所措，但仍急忙地依優斗所說的，開始動起腦筋。不過，優斗要求就「數字」方面加以思考，究竟要思考數字的什麼或如何思考呢？毫無頭緒。

「一分鐘到了。」

「等等，這是什麼跟什麼嘛？毫無頭緒，究竟要思考什麼才對呢？指公司的數字嗎？還是思考究竟數字是什麼，像哲學那般？」

優斗依舊面無表情，靜待佐織說完話。

「接下來，第二題。佐織小姐『喜歡的數字』有幾個呢？一分鐘，請思考看看。」

「啥？等、等一下……」

「開始計時。」

雖然坐立不安，但佐織仍決定配合優斗的提問。他擁有佐織自己所缺少的思考迴路，他一定有什麼打算。

「一分鐘到了。」

「真是的，究竟在搞什麼。」

「請問佐織小姐在第二題的一分鐘之中，想到了什麼事呢？」

佐織回憶在這一分鐘所想到的事情。

「嗯……因為有『喜歡的數字』這道題目，就思考有關數字的問題。雖然很少思索有關這方面的問題……首先想到自己因為是9月9日出生，因而想到的是『9』。提到9，想起大學時代參加女子足球賽時，所穿的球衣背號也是『9』。啊，對了，腦海中也浮現出自己的年齡，今年29歲。」

「第一題與第二題，哪一題是經過『自己正確思考』的呢？」

「這個嘛，是第二題。這是因為所謂喜歡的數字，有具體的題目。」

「而且可在一分鐘內產生結論，也就是說，可正確地達標的也是第二題。」

「沒錯。這究竟是……」

佐織所注意到的「理所當然」

「這完全是我個人的意見……我認為，所謂在思考什麼時，首先要從設定具體的題目開始，不是嗎？其實，也同時設定了目標。」

佐織恍然大悟。

思考任何問題時需設定題目

Q 請就有關於「數字」方面加以思考，什麼都可以	Q 你所「喜愛的數字」有哪幾個，請想看看。
題目籠統	題目具體
無法開始思考&目標也不知道	可開始思考&目標也明確
↓ 無法思考…	↓ 可深入思考！

「確實沒錯……」

「例如，被要求『針對除法展開思考』時，我也不知道其意思，只能裝作好像在思考的樣子。但若被問到『運用除法感到方便的時候是何時？』的話，就可正確地思考，而且也可回答出無數個答案。」

「總之，你要說的是，若想**『正確地思考』，重點就在於要先儘量具體地描述所要思考的對象。對吧。**」

任何行為都必須具有起點與終點（目標）。思考的行為當然也有起點與終點，而且必須以起跑線來決定終點（目標），優斗想將這一觀念傳達給佐織。

「沒錯。不好意思，這很理所當然吧……」

「對啊……開玩笑的啦。我認為這確實是重要的事情。例如，就我來說，思考要製作給廣告主的簡報內容時，就要……」

「廣告主？指的是顧客嗎？」

「啊，抱歉。對，是顧客。在思考要給客戶的簡報內容時，就必須思考有關要簡報什麼內容，具體地加以確定。是最初的目的嗎，是簡報架構嗎，或是簡報的方法以及說話的方式等等。」

這時列車剛好開出京都站，開始駛往名古屋方向。

到達終點站東京大概還有兩個小時。佐織與優斗的對話才剛開始。

「所謂的思考，
究竟要從何處著手呢？」
「思考的起點，
在於決定終點（目標）。」

「逆向思考」是怎麼一回事？

一直被主管耳提面命

「如此說的話，提到『終點（目標）』，就讓我回憶起一件事。」

「是喔，那是什麼？」

「就是現在的主管經常提到的話。『從終點（目標）來思考』，或是『逆向思考』。確實，偶爾讀到的商業雜誌也看過這樣的報導……不過，這究竟是怎麼一回事？到現在仍一頭霧水。」

「是嗎，不瞭解的話，去請教一下主管不就好了？」

沒社會經驗的學生直白地說出他的意見。不過，佐織的表情黯然神傷。

「這個嘛，社會人並沒這麼單純。例如，就像你即使有很多問題想問，但總會有一位或兩位前輩或老師可以不答的話就不想答，不是嗎？」

「原來如此，是這樣喔。」

「我的主管所說的『從終點（目標）來思考』，你知道他的意思嗎？」

「不，等等……」

當然知道。但，優斗看著天花板，開始思索著什麼。在不到10秒之間再次看著佐織。

「不過，數學也有類似的話題。」

傳授「逆向思考」的遊戲

「咦，什麼話題？」

「例如這樣的遊戲。現在我出三道計算題，請逐一回答。」

「……等等，不是說過我的數學很爛嗎。」

「不好意思。不過，只是簡單的二位數的計算。很快就可解出來……」

佐織沒辦法只得答應參加優斗的遊戲，或許能獲得些啟發解決剛剛拋給優斗的疑問。

優斗很快地將問題寫在筆記本上（第33頁圖），邊拿給佐織看邊說道。

「Q1使用了佐織小姐所喜愛的9這個數字。隱藏起來的○、□、△，只要妳問我，我就會告訴妳數字，**最後請解答出Q3的演算結果**。」

「原來如此。要由Q1開始依序作答吧……那麼，首先○是多少呢？」

「好的。○是1。」

「……我確認一下，你是不是把我當成笨蛋……」

「不，不是的！……總之，請繼續。」

「是～老師。『9＋1＝10』。」

覺得佐織像是模仿小學生的回答方式，優斗不禁啞然失笑。

「那麼，我們繼續。」

「下一題的□是多少？」

「是2。」

「好的，『10＋2＝12』。」

「那麼，我告訴妳最後的△是多少，△為0。」

《遊戲》請回答 Q3 的計算答案

結論是？

Q1　9＋○＝

Q2　（Q1 的答案）＋□＝

Q3　（Q2 的答案）×△＝

求此答案

「咦？」

佐織的表情出現異狀，直盯著優斗。

「12×0＝0。」

「正確答案。」

「……所以？」

「咦？」

「……這到底是搞什麼啊？」

察覺到佐織心情的優斗立即進入正題。

「佐織小姐依照 Q1→Q2→Q3 的順序計算出來了。也就是說，了解到以 Q1 為起點，以 Q3 為終點（目標）。到這裡沒錯吧？」

「嗯，沒錯。」

「然後，佐織小姐以Q1→Q2→Q3連結起來的方式，將空白的數字依

○→□→△的順序向我詢問。」

「對啊，當然是這樣。」

「若是我問的話，就會反過來問。」

「咦？反過來……？」

「沒錯，反過來。若是我問的話，一開始就會問△是多少呢。」

接下來的瞬間，佐織終於注意到優斗所說的「反過來」的意思。

「**因最後是乘法，假如△為0的話，只需計算一次就得出結論是**0。Q1及Q2的計算，也就是說○及□的數字是多少呢，根本沒計算的必要。」

「……！」

「不過，若像佐織小姐這般依○→□→△的順序詢問數字，就一定要計算三次了。」

「也就是說，你想要表達的是，**不由起點朝向終點（目標）順向思考，有時從終點開始逆向思考，反而可以不費力的解決問題**，對吧？」

為了不要徒勞無功，請逆向思考看看

〈佐織的情形〉

		思考順序
Q1	9 + ○ =	9 + ① = 10
Q2	(Q1的答案) + □ =	10 + [2] = 12
Q3	(Q2的答案) × △ =	12 × △0 = 0

必須計算 3 次

〈優斗的情形〉

		思考順序
Q1	9 + ○ =	
Q2	(Q1的答案) + □ =	
Q3	(Q2的答案) × △ =	(Q2的答案) × △0 = 0

只要計算 1 次就 OK！

避免徒勞無功的思考方法

「我在解答數學問題時，首先掌握終點（目標），其次由此終點（目標）逆向思考。這樣的話，經常很快就可找到答案。」

「原來如此喔～。聽你這一席話，讓我想起了我時常為準備公司內部的會議資料而花費不少時間……」

「這樣子啊。」

「要準備什麼資料呢，總覺得是在邊思考邊準備。」

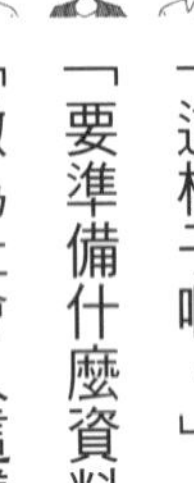

「做為社會人這樣不行嗎？我覺得這樣做還挺聰明的……」

「左思右想做出來的成果，也只是作出類似先前準備過的資料。也就是說，都在做相同的作業。」

「原來如此。這就是所謂的兩遍工夫（指原本應一次做完的事卻要花兩遍工夫），而且我覺得也很浪費時間。」

「首先是必須準備的資料類型，也就是說，確切地決定目標，再由此思考真正必要的作業是什麼。過去使用的格式及資料可順利地沿用，或許只需準備所需最低限度的資料就能夠發揮功用。」

「為什麼要『逆向思考』？」
「因為這可省去『不必要的思考』。」

簡單來說「邏輯思考」是怎麼一回事？

「邏輯」是什麼？

注意到時才發現外面已是一片雪景的銀色世界。和京都街景迥然不同，開往東京的列車奔馳在白雪皚皚的山間。

「我的主管，非常喜歡思考。因此要求部屬也要如此。」

「是這樣啊。不過，這有何不好呢？」

「不，不是說不好，而是對於像我這般憑著感覺做事的人來說，被主管要求『再多用腦袋想想！』時，會覺得他的說詞形同在拷問……」

「拷問……嗎？」

「這麼一說，想起上星期也被他說：『妳為何不能多用點邏輯性思考？』唉，實在受夠了！」

看見列車長進入他們兩人所在的11號車廂，大概要進行查票。佐織繼續和優斗對話。

「邏輯究竟是什麼啊……」

「不就是『線』嗎？」

「咦？」

對於優斗脫口而出令人意外的內容，佐織突然語塞。

「所謂的邏輯思考，我認為或許是『用線連接』吧。」

「……是什麼意思？完全不懂。」

「對不起……這個嘛，就這麼決定。還是再玩一次遊戲吧？」

「再玩一次？嗯，只好這樣了。」

佐織嘴巴雖然如此說，但實際上，她發現自己對於優斗會出什麼謎題，感到些許的雀躍。

定價的形成邏輯

「問題開始。以佐織小姐的邏輯，請對1克的鋁訂定價格。」

「鋁的價格？不知道啊，這種事。」

「這並不是詢問知識，稍微費點心就可以，請思考看看。」

「你說得簡單，可是……」

佐織邊發牢騷邊注意到，的確，若只是回答「鋁的知識」的話，任誰都會。這種問題需「自己思考」。

「10日圓。」

「為什麼？」

「我擅長的直覺啊！有意見嗎？」

「不。不過，這價格……有思考過嗎？」

「……」

對於優斗正確的評論，佐織答不出話來。

「要我說出答案嗎？」

「嗯，好啊。請說！」

「1日圓。」

「1日圓？為什麼？」

「因為用線連結的關係。」

剛剛優斗說的「線」這一關鍵字這裡再次出現。

感到十分有趣的佐織催促優斗講下去。

學習優斗的思考、「邏輯」的本質

「1克鋁的正確金額我也不知道。也就是說，並沒這方面的知識。因此，就決定這樣思考。有什麼東西是用鋁製成，且清楚知道價格的呢？」

「……？」

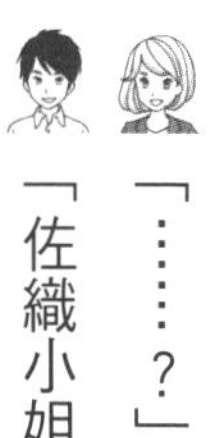

「佐織小姐，有想到是什麼東西嗎？」

「優斗，我急著想知道，不用問我，請趕快告訴我答案。」

「啊，對不起。」

優斗用筆在筆記本上不知在寫些什麼（次頁圖）。佐織一直盯著他的模樣瞧。

「例如，1日圓硬幣是用鋁製成的，重量是1克，價錢當然是1日圓。也就是說，**可用線將1克的鋁與1日圓硬幣連結起來，1日圓硬幣與1日圓的金額也可用線連接起來。**」

「……？」

「因此，在2個的中間放置1日圓硬幣的話，鋁1克的物體與價錢的概念，不是就可用線連結起來了嗎？」

「確實沒錯。原來如此，你想說的就是這個喔。」

「對。因此，對1克鋁標價1日圓的邏輯就成立了。」

「是嗎……剛剛我對優斗所說的無『線』狀態胡思亂想了一通。雖然是稍微抽象的說法，也就是說，若沒線的話，只要把可以帶出線的東西拿到中間，就可將它組合起來進行思考了。」

無線的狀態與有線的狀態迴然不同

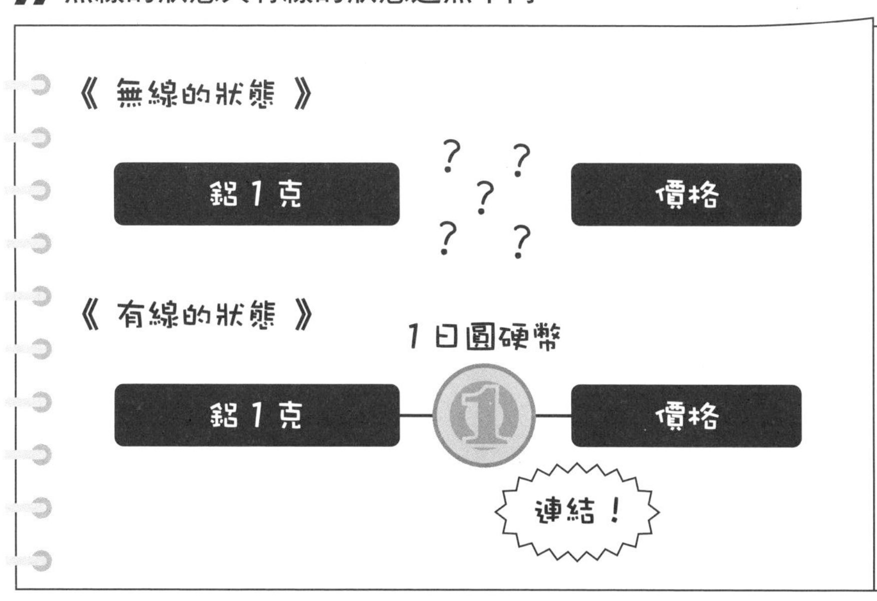

佐織以自己所發明的「組合」用語思考事情。

三段論法，可使用嗎？

「這與所謂的三段論法一樣！如果是A的話，就是B，類似這種東西。」

「是的。如果A是B，且B是C的話，將它組合起來，則A為C。」

「誠如優斗所說的，用線連結起來的意象……」

「因此，『用線連結』就是邏輯思考這回事，正是我所理解的。」

「原來如此～」

「佐織小姐剛開始和我說話時，立即注意到我是理工科學生吧。我認為這

也一定是將我當成A，將數學的參考書當成B，理工科的學生為C，以A—B—C的線連結的結果。」

「確實，看到你正在閱讀似乎很艱深的數學參考書時，我就認為你是理工科的學生。」

說出「三段論法」這個名稱，會令人覺得是很了不起的理論，而其內容卻是每個人平常就在使用的基本思考方式。

「我是在上大學課程中學會三段論法，但像這種課程在進入社會後還有機會學習嗎？」

「這個嘛……我記得在公司的新進人員研修訓練有學過。好像是邏輯思維（logical thinking）研修之類的吧？」

「是喔。所以這是成為社會人後也必須具備的思考方式呢！」

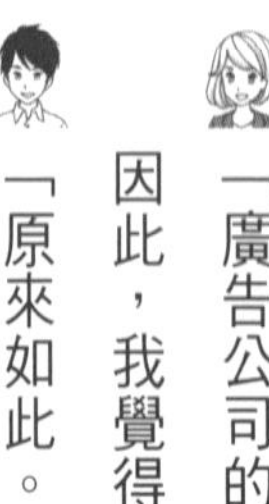

「廣告公司的業務大致上就是進行企劃工作。企劃時必須要有產生出創意的能力。因此，我覺得廣告公司需要能夠產生出創意的人。」

「原來如此。」

三段論法係用線連結的思考方式

A 為 B → A — B

B 為 C → B — C

因此，
A 為 C → A — B — C

（例）

那個年輕人（A） 正在閱讀數學參考書（B） A — B

閱讀數學參考書的人（B） 是 理工科的學生（C） B — C

因此 那個年輕人（A） 是 理工科的學生（C） A — B — C

「……（其實這是主管一直對我不停地交代的事）」

佐織不由得苦笑起來。

以前也曾上過研修課程，也知道三段論法這個論點，一旦必須使用時卻忽然派不上用場，自己也感到很氣餒。

佐織為轉移氣氛，決定與優斗隨興閒聊。

「改變一下話題，優斗有什麼喜歡的一句話嗎？」

「喜歡的一句話嗎？」

「是啊。最近電視節目看到的喔。據說若想要了解一個人，最好的方法就是詢問對方喜歡怎樣的一句話。據說這個人的價值觀會直截了當地展現在這隻字片語中。」

「原來如此，或許確實如此。」

優斗思考片刻。佐織靜待回答。

「就是『思考吧！會有答案的』。」

「簡單來說，
『邏輯思考』是怎麼一回事？」

「一言以蔽之，
就是用線連結起來。」

「哎呀！我特地想要轉移話題，而你還是提到『思考』嘛（苦笑）。」

「啊，對不起……不過，思考是我最喜歡的一件事……那佐織小姐喜歡的一句話是什麼？」

「這問題問得真好。不要笑喔？」

「咦？不會啦。」

優斗等待佐織說話。

「Don't think. Feel!（不要思考，要去感受！）這是我的座右銘。」

為何「根據總是要有三個」？

何謂歸納式的思考？

「Don't think. Feel!……很好的一句話啊。」

「你絕對不會這麼認為吧。」

兩人「喜歡的一句話」如此完全南轅北轍，優斗不由得苦笑起來。佐織瞪眼看著優斗。

「算了，反正我一向大多憑著自己的感覺在決定事情。例如，要上哪間大學呢，要到哪家公司上班呢，或許之後談戀愛說不定也是……」

「這樣啊。」

「不過，今後若仍是這樣的話，或許會不妙……」

看著她認真的表情，優斗默默不語，視線離開佐織。

「對了，以邏輯思考為主題，其他還有什麼你會很自然去做的……」

「有。」

「秒答呢！（笑）那是什麼事？」

「**歸納性**思考。」

「機能（日語歸納與機能同音）性？巧妙地進行機能性思考嗎？」

「不是『機能性』，是『歸納性』。」

優斗用手邊的藍筆在筆記簿寫上正確的字詞。

「……什麼意思呢？這個。」

「其實剛剛所講三段論法的思考方式稱為**演繹性**思考。相對地，所謂歸納性思考是由許多根據來推論出結論。」

「……總覺得好像很難呢。」

「不會啦。例如，這樣說吧……假設佐織小姐的某位朋友對某家義大利餐館的食物讚不絕口的直說好吃。」

「嗯，然後呢？」

「佐織小姐會想去那家店用餐嗎？」

「嗯～畢竟只是這位朋友個人的喜好吧……」

「那麼，另一位朋友也對那家店讚美有加，如何呢？」

「是喔……」

「還有一位朋友也對那家店給出極高評價……」

「你是要一直說到我說『會去用餐』嗎？」

沙織像搞笑藝人般地出言回擊，優斗也不由得笑起來。

「增加線條」的想像

「不過，這就是歸納的思考方式。」

「……？」

佐織仍然一臉茫然。臉上似乎寫著「請再多說一些讓我了解」，察覺到這般表情的優斗，為了稍加補充而繼續說道。

「一言以蔽之，指的就是由多數的根據加以類推後做出結論的一種思考方式，我是以『**增加線條的思考方式**』來了解歸納式思考。」

「增加線條？剛剛是『連結線條』的方式啊。到底是怎麼一回事？？」

興致勃勃的佐織身體往前傾，催促優斗繼續講下去。優斗在本子上寫下筆記（次頁圖），邊拿給佐織看邊說道。

「例如，假設對剛剛所說的義大利餐館的評價進行意見調查，最多徵詢6人的意見。」

「嗯，然後呢？」

「由圖1至圖3之中，可推知這家餐館確實好吃的是哪一張圖？」

「……圖3吧。」

「為什麼？」

「因為圖1只有一位說好吃吧？其餘的五位若評價說『不好吃』的話，那這家餐館不就是不怎麼好吃嗎？這樣認為很自然吧？」

所謂的歸納性思考方式

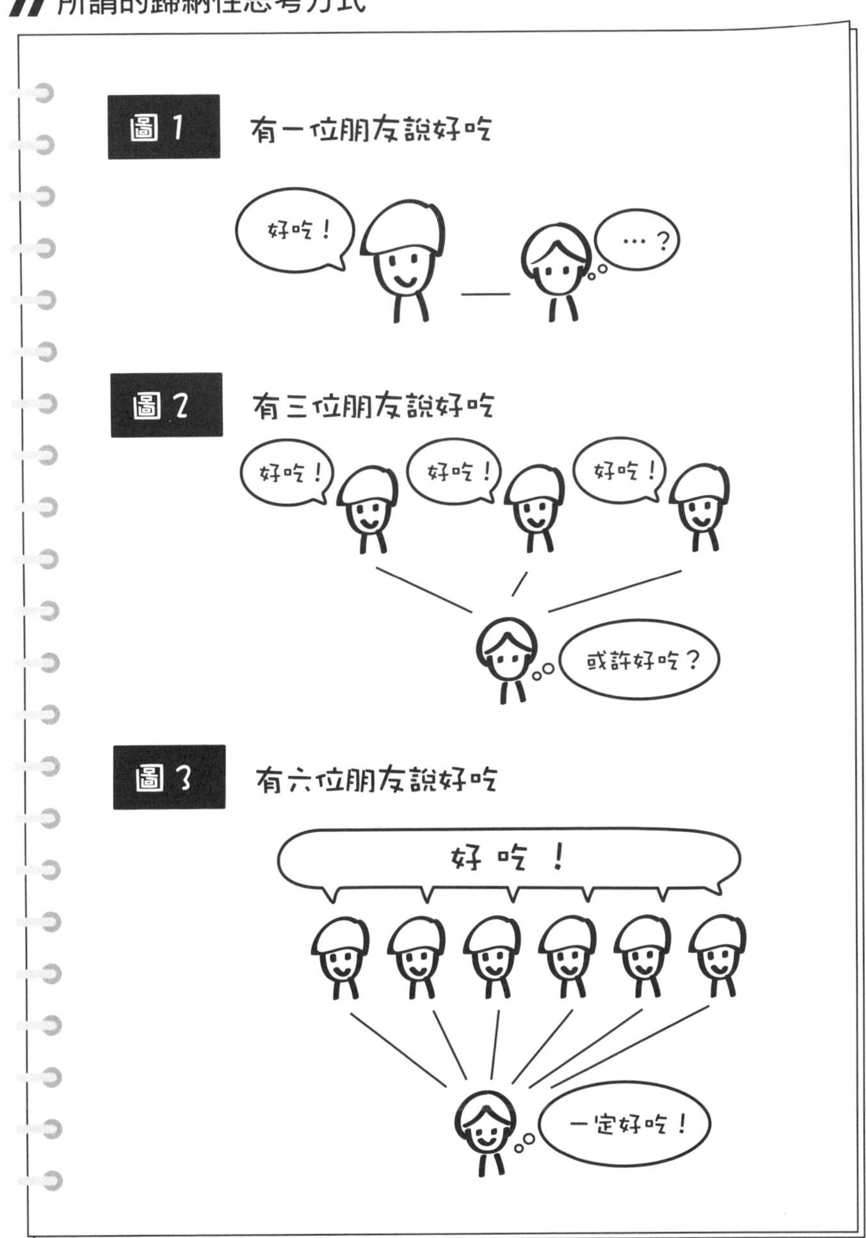

「的確如此。」

「圖2也只有三位說好吃，很微妙。要看其餘三位的意見，很難說好不好吃。」

「也就是說，可做出結論與無法做出結論的案件之不同，在於連結結論與根據的線條數。線條數愈多就愈有同感。」

線條數少的話就難以產生出結論，線條數愈多愈容易做出結論，這似乎是優斗的想像。

「原來如此，因此，是形成『增加線條數』的一種表現吧。」

「對，這完全是我的一種想像……」

「確實，在會議或簡報時，對於自己的發言或許會被要求必須要有所根據。連一條線也沒有的狀態下，即使主張『是○○』也不會獲得同意。」

「沒錯，這就是歸納性的思考。」

「經你這麼一說，我想起來了！上個月不小心提出一個毫無根據的主張……被主管狠狠地訓了一頓：『請想清楚後再發言！』。」

在沒有「增加線條數」的根據下就頻頻暴衝，佐織一直以來就是如此。就佐織「隨和」與「衝動」的個性而言，這種行為並不足為奇。

「難怪主管或優秀的老前輩在進行簡報時總是會說：『有三個根據』。其實就是在說，連結結論與根據的線數有三條……」

「佐織小姐，雖然我在書本上曾經讀過，但若以那種例子來說，『三個』算多嗎？像我們這種當學生的就會認為，根據愈多愈好。」

「大致上就三個。確實愈多就愈可增加說服力，但商務人士時間上並不允許。為在短時間內取得同意，因而選擇最具說服力的前三個，這是務實的抉擇。」

「原來如此。是這個原因喔，我學到了！」

不期而遇

接著，列車長向他們開口要求查票。

「咦？車票放到哪了……」

佐織找了一下外衣的口袋沒找到，於是往放在架子上的行李袋尋找，終於找到了。將車票遞給列車長的瞬間……

「……妳是佐織？」

聽到列車長的話嚇了一跳的佐織，這才仔細看了一下他的臉。

一直專心和優斗講話，完全沒注意到列車長名牌上的「上田」兩字。他的臉加上他的聲音。雖然戴著帽子，但錯不了。

「咦？上田!?真的是上田嗎!?」

「啊，好久不見了。」

「……？」

佐織以車內能夠聽到的聲音，向表情目瞪口呆的優斗介紹這位列車長乃是「學生時代的前男友」。

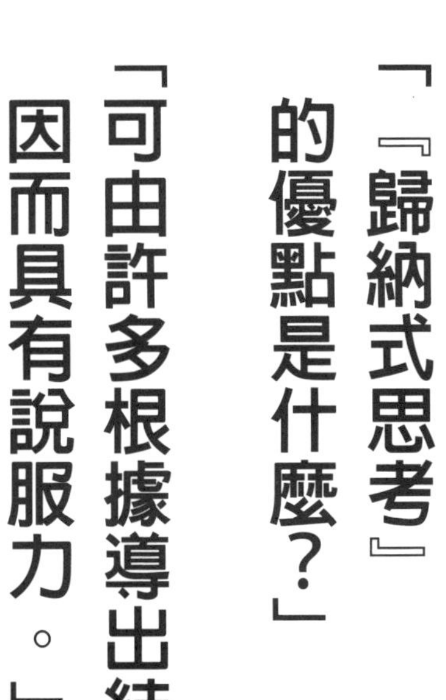
「『歸納式思考』
的優點是什麼？」
「可由許多根據導出結論，
因而具有說服力。」

用線連結起來進行論述

雖然是自吹自擂，但我所論述的問題被評價為「淺顯易懂」。我擔任講座的某大學的學生也曾經如此說：「為何能如此淺顯易懂地教課呢?真不可思議。」（笑）。

理由很簡單。因邏輯性論述之故。若如本篇所述進行連結呈現的話，就可形成「用線連結進行論述之故」。

這種技巧並非向演說課的老師學習的，而是由以前沉迷在數學中學習到的。

「現在的論述，是不是有點牛頭不對馬嘴?」

「你的論述……總覺得不能理解。」

「咦?請再說明一次。」

若對方如此認為的話，那就是你的論述或許並未用線連結起來之故。

第 2 章

從明天開始就可運用！有條不紊地論述的思考祕訣

《 THINK 《

01 為何我無法歸納「整理」？

02 被稍微深入地質疑就啞口無言，為何？

03 口條清晰地論述的武器！

04 想要駁倒對方，「僅用感情論」已經不管用！

« THINK «

01 為何我無法歸納「整理」？

勾起往事「痛苦的回憶」

「對了。上田，我記得你曾經說過想到鐵路公司上班！」

「嗯，是啊。」

「能夠如願從事自己所希望的工作，真不愧是上田！」

「哦，僥倖啊。不過，更重要的是……」

上田的視線瞄向佐織的腳部。他視線的移動方式讓佐織感到「熟悉」。

「……什麼？怎麼了？」

「我覺得妳仍然沒變呢～」

「……咦？」

「立即脫掉鞋子這回事。」

上田小聲地說道。

總是不習慣穿高跟包鞋的佐織，不論走到哪裡，只要一坐下就立刻脫掉鞋子，已經積習難改。

「啊！（因為腳會痛嘛……男人不知道箇中滋味吧）」

「不過，看起來沒變總覺得令人高興啊。」

「嗯。我也覺得上田還是老樣子。」

上田注意到鄰座年輕人的視線才回過神來。

「對不起。請出示您的車票。」

「好的。」

「謝謝。」

上田將車票還給優斗，視線回到佐織身上。

「啊，抱歉，你正在上班。」

「下次再慢慢聊。」

上田小聲地說著，立即返回「列車長」的工作崗位。佐織心不在焉地想著。上田說的「下次再慢慢聊」恐怕只是社交辭令。

「……」

「那……這是多久以來的重逢呢？」

「咦？是從大學生的時代，相隔七年了吧。竟然會在這種地方碰面，真的嚇了一跳呢～」

優斗靜靜聽著。

「上田的頭腦很好，又很會讀書。我們以前經常爭吵，而我每次都吵輸……（苦笑）」

「……」

「上田他和說話不經大腦的我完全相反……大概都是『被他駁倒』吧。」

「……」

佐織忽然想起了某些回憶。而這回憶將兩人的對話往意外的方向發展開來。

「呃，可以請教一個問題嗎？」

「請說。」

「所謂的『整理』是怎麼回事？」

「咦？整理……是嗎？」

「沒錯，是整理。」

看見優斗驚訝的表情，佐織不由得苦笑起來。

「你臉上好像寫著『為何問這問題呢？』（笑）不過，你現在還不用問。總之，整理是什麼呢，想問一下優斗的想法。」

「……」

於是，優斗突然將拿在手上的筆記本與筆遞給佐織。

所謂的整理，是怎麼回事？

「咦，什麼!?」

「佐織小姐，現在開始請用這張紙與筆整理我說的話，可以嗎？」

「嗯？」

「整理的方法由妳自行決定。總之，請佐織小姐用自己的方法來進行整理。」

「好好，我知道了。」

佐織裝出一副覺得麻煩的樣子，內心卻充滿著興奮之情，期待這次優斗又要教她些什麼新方法。

「那麼，我們開始。對100位有戀愛經驗的女性進行了意見調查。曾甩掉過男性的人有45人；反之，被甩過的有38人。此外，未曾甩過男性的人之中有20％曾經

被男性甩過。」

「請暫停！」

「……？」

「你是否認為我被上田甩過？」

「誤、誤會了！佐織小姐，妳想太多了（流汗）。」

「……（瞪）」

「沒錯，就像你所說的那樣」，佐織將這句話猛力地吞下肚子，裝作生氣的樣子來敷衍過去。

另一方面，優斗也注意到在問題的選擇上欠缺精準而顯得有些慌張。

「算了吧。我來整理就是了。請再慢慢說一次。」

「啊，好的。」

佐織邊聽邊寫下優斗所說的問題。

佐織的整理

1 女性全部100人

2 曾甩過男性的有45人

3 被甩過的有38人

4 未甩過男性的人之中，有20%曾被甩過

「總之是整理好了。我是以條列式書寫而成的概念。整理得還算通順吧？」

「謝謝喔。」

優斗確認了這條列式陳述（上圖）後開始對話。

「那麼，請教一個問題。有甩人也有被甩經驗的人有幾位？」

「哎？剛剛沒說會有追加問題啊～！嗯……？稍等一下…未甩過男性的人之中的有20%曾被甩過……啊～算了！還是不擅長算這個。」

佐織故意噘起嘴巴來，裝做一副不高興

的樣子，同時採取「舉起雙手」的投降姿勢。

「我認為條列式書寫確實可井然有序地整理出來，容易閱讀。不過，若是我的話，就會這樣整理。」

「……？」

佐織將筆和紙遞還給優斗，優斗就開始唰唰唰地描繪起像「表格」那類的東西（上圖）。

優斗的整理

			被甩	
			YES	NO
			38人	62人 (100−38)
甩人	YES	45人	27人 (38−11)	18人 (62−44)
	NO	55人 (100−45)	11人 (55×0.2)	44人 (55−11)

未曾甩過人的 20%

「完成了，我整理出這個表。」

「這是……什麼表？」

「經整理而成的結果。」

「究竟整理了什麼呢？」

「好的，現在開始說明。」

上田結束11號車廂的車內查票後，往12號車廂走去。現在佐織的腦海中充斥著擺在眼前像謎般的「表」。剛剛說的「前男友」的存在已經消失得無影無蹤了。

「現在才問雖然晚了些，
但所謂的整理是要做什麼呢？」
「一言以蔽之，
就是製成表格。」

被稍微深入地質疑就啞口無言，為何？

何謂邏輯式的整理

「此次出現的主題有兩個概念：甩人與被人甩的概念。」

「是啊。」

「前者可分為YES與NO兩種。也就是說，曾甩過人（YES）與不曾甩過人（NO）兩種。」

「也就是說，被甩過的概念也可分為YES與NO兩種。」

因各自均可分為兩種，所以就存在著「2＋2＝4種類」，進而這種組合為「2×2＝4個」，因此，在這主題上全部有「4＋4＝8組」的數字登場。

「如這個表（67頁），未有甩人經驗的人為『100－45＝55人』。而其中20％是有被甩經驗的人……」

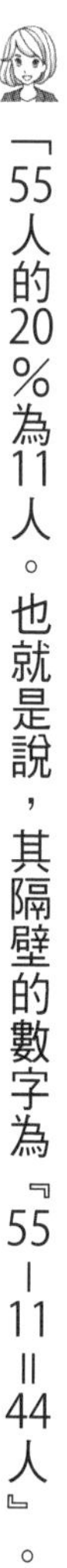

「55人的20%為11人。也就是說，其隔壁的數字為『55－11＝44人』。」

「沒錯。其餘為取得縱橫的整合性，只需填入數字即可。也就是說，有甩人且也有被甩經驗的有27人。」

「確實，這張表也呈現出一目了然的狀態。」

「沒錯。這樣整理的話，若突然被問到任何問題都能立刻回答出來。因這是將在這問題上出現的所有數字以表列的狀態書寫出來的緣故。」

確實誠如優斗所言，不過，佐織還是無法釋懷。她決定毫不客氣地直言不諱。

為何要「用表整理」呢

「不過，為何不是用條列式，而是想到要用『表』的方式？」

「為什麼……嗎？」

「沒錯，我也知道，優斗的整理方式大概是正確解答。但是像我這種人，根本就沒辦法立刻聯想到這種方法。」

「原來如此……」

優斗對於要如何說明「用表格而非條列式」的問題稍微思考了一下。

「假如所要整理的主題只有一個的話，我認為可用佐織小姐所使用的條列方式。例如，以咖啡店的菜單為例來思考看看。有綜合咖啡、美式咖啡、拿鐵咖啡、摩卡咖啡等。」

「嗯。這正是可以條列式書寫。」

「不過，若是連大小杯的尺寸也要列出來的話要怎辦。綜合咖啡的S杯、M杯、L杯；美式咖啡的S杯……等情形時，可用條列式的嗎？」

「不，這似乎要用表列的方式，還要列出S、M、L各自的價錢。」

「沒錯，現在正如妳所說的，**要加以整理的切入點若是多數的話，就做成表格，井然有序地整理的話就可一目了然**。而且不需反覆列出商品名稱及大小，就不會徒勞無功。」

「對啊～！確實，剛剛的問題『甩人』與『被甩』也有兩個需整理的切入點。」

整理事物時，整理的切入點不一定只有一個。不論何種事例，若欲整理成一目了然的狀態，就如優斗所說，以製成表格較為適合。

整理的切入點為多數的情形時

條列

綜合咖啡S 280日圓
綜合咖啡M 320日圓
綜合咖啡L 360日圓
美式咖啡S 280日圓
美式咖啡M 320日圓
美式咖啡L 360日圓
拿鐵咖啡S 300日圓
拿鐵咖啡M 340日圓
拿鐵咖啡L 380日圓
……
……
……

表列

MENU	S	M	L
綜合咖啡	280日圓	320日圓	360日圓
美式咖啡	280日圓	320日圓	360日圓
拿鐵咖啡	300日圓	340日圓	380日圓
……			

「順便一提，這新幹線的座位訂位狀況也可用同樣的思考方式進行整理。例如，以1號車廂來講，有A～E的英文字母與1～13的數字所形成的兩個切入點，比起條列式書寫，用表格整理較可一目了然。」

「確實如此～！實際上，用網路訂購機票時，也是用這種畫面來確認有無空位的呢。」

若能「整理」的話，就能回答質問

「這是我個人的想法。」

「嗯，什麼？」

「我覺得運用表格整理，對於正確掌握何處有什麼東西很有幫助。」

「……??」

「例如，放入櫥櫃中的收納箱，依我看來與用表格整理的狀態是一樣的，就像春夏的衣服放在這裡，秋冬的衣服放在那裡。」

「正確地掌握到哪裡有什麼東西的狀態呀！」

可迅速掌握空位狀況的是哪一種？

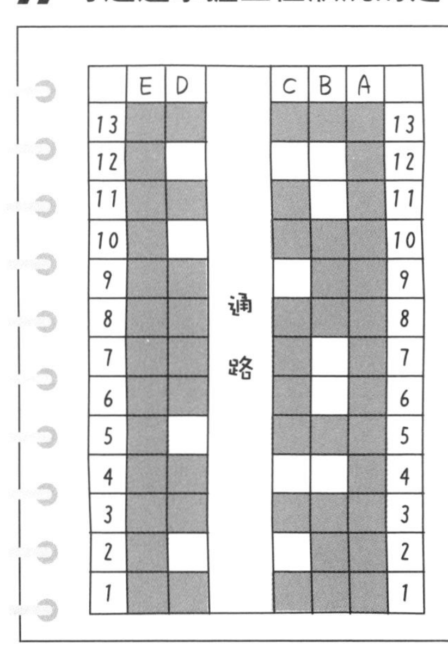

○ 不會徒勞無功，一目了然

× 徒勞無功，不易了解

- 第 1 排全部客滿
- 第 2 排除 C 與 D 外，其餘客滿
- 第 3 排全部客滿
- 第 4 排除 B 與 C 外，其餘客滿

⋮

- 第 13 排全部客滿

佐織下意識地想起了自己家裡的櫥櫃，很難令人恭維說是乾淨整齊……心裡面這樣嘀咕著。

「若沒用表格整理的話，臨時需要時就無法立即找到。」

「哎，你講的那不正是我嗎……就像『糟了，那件T恤放到哪了？』，總是常常發生這種……」

「其實我本身也偶爾會發生這種情形（苦笑）。」

聽優斗這樣說，佐織才稍稍安心。

「結果，若在頭腦中沒有呈現整理好的狀態的話，當有人質問時就無法立即回應。」

「沒錯。在腦海中搜尋時就會混亂。」

「因此，若沒有好好地整理的話，被稍微深入地質問就會啞口無言。像剛剛講的甩與被甩的問題時，被優斗突然地質問就愣住了。」

有如在「複習」先前談過的話一般，之後兩人間的對話有兩分鐘空白。

不要讓人家說「要好好地整理」

「那麼……佐織小姐。」

「嗯。」

「可問一個問題嗎？」

優斗看起來似乎有些猶豫。

「嘿嘿。你是想問說，我為何問『所謂的整理是怎麼回事？』這奇怪的問題嗎。」

「是，沒錯。」

佐織噗哧一笑，並如實地回答。

「我在學生時代，不斷地被剛剛的那位上田先生提醒。」

「……？」

「他說，和沒有整理好論點的對手辯論，不會形成理性的辯論。」

「……？」

「總之，他說，我所說出來的話毫無條理可言，要我先在腦海之中好好整理後再說。」

「……」

「當時的我根本毫無反駁的能力。因此，每次和他爭吵都是我輸。我的感情論全被他駁倒。」

優斗默默地聽著。

「我想起了這件事情，所以想問你看看。所謂的『整理是怎麼回事』。不過，後來

我終於瞭解了，而且也很清楚知道，若處於沒有好好地整理的狀態下，在討論上是不會獲勝的。」

「……」

「喂，說話呀。」

「……嗯，好。那麼……那個……」

看著不知所措、講話結結巴巴的優斗。佐織不由得笑出來。

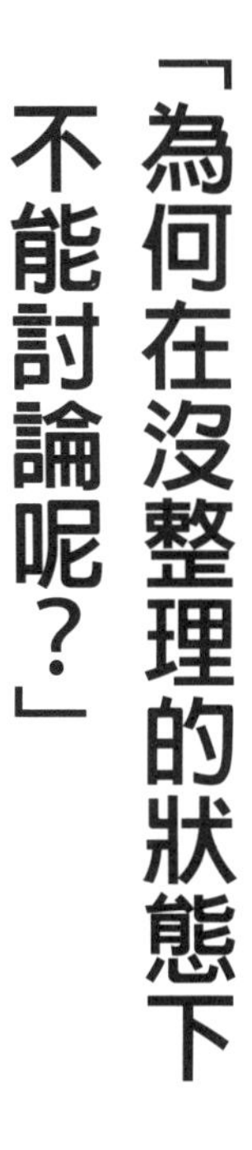

「為何在沒整理的狀態下
不能討論呢？」

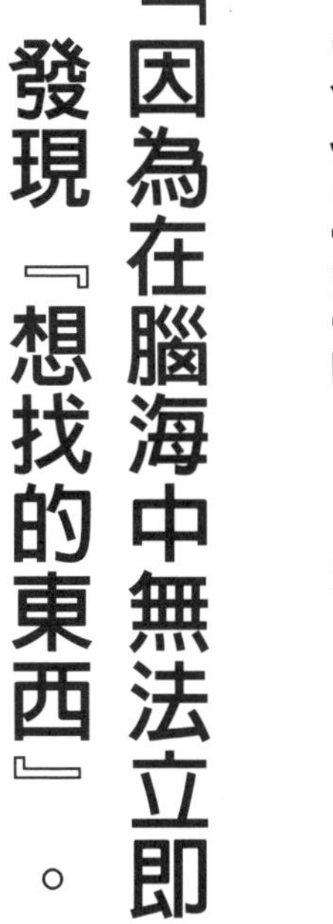

「因為在腦海中無法立即
發現『想找的東西』。」

口條清晰地論述的武器！

否定對方主張的祕訣

車內響起了「本列車即將抵達名古屋車站」的廣播。一直到剛剛，兩人都沒注意到廣播聲音的主人似乎並非上田。

「不過，還有一些問題不明白。」

「……什麼呢？」

「我已經了解到，若可在腦海中整理，則不論被問到什麼問題，都能應付自如，而且可正確地討論問題。」

「沒錯。」

「不過，並不是光憑這點就能在辯論上佔上風吧？」

「是啊……或許確實是如此。」

佐織想起了平常總是被仗著道理詰問的主管駁倒。

「例如，即便是優斗，在數學的研討會時也會互相辯論吧？」

「沒錯，當然會辯論，而且幾乎是每天。」

「在辯論時，會否定對方的主張吧。像是說出『那不對』這樣。那種時候有無祕訣之類的？」

「否定對方主張的祕訣嗎。很有趣……」

佐織本身對於這話題一點都不覺得有趣，不過，或許能從與優斗的對話中獲得什麼啟發，而不知不覺地有所期待。

「有兩個祕訣。首先，第一個是提出『**反例**』。」

「反例？」

優斗獨創「豬肝炒韭菜問題」

如字面上的意思，「反例」就是相反的例子。
為何反例可成為駁倒對方的祕訣呢？

「是的。例如……」

「……？」

「假設有一個像這樣的討論題目：『豬肝炒韭菜』與『韭菜炒豬肝』哪個才是正確的。」

「啥？」

太過於出人意料之外的題目。目瞪口呆正是現在佐織的表情。

「因此，豬肝炒韭菜與韭菜炒豬肝……」

「知道知道了。然後呢？」

「好的。假設我主張豬肝炒韭菜才是正確的。那麼，現在請佐織小姐否定我的主張。」

「也就是說，我要否定優斗的主張，論證你是錯誤的。」

「沒錯。像玩遊戲的感覺，要不要玩看看？」

優斗迄今所提出的考題與遊戲之中，佐織首次感到這道題目「似乎很有趣」，於是便很爽快地答應了。

「那麼，開始囉。我認為豬肝炒韭菜是正確的。」

「嗯，為什麼？」

「好的。豬肝炒韭菜這道菜餚中，我認為豬肝是主角。」

「……然後呢？」

「因為豬肝是主角，我認為應該要放在配角韭菜的前面，否則主角豬肝就會受到委屈。」

「……呵呵。你說得真有趣（笑）。」

「因此，豬肝放在前面，韭菜放在後面。也就是說，豬肝炒韭菜才是正確的。」

「原來如此～。……這樣啊，咦？」

佐織已經完全忘記要否定優斗的主張，也忘了這遊戲的結論應該要是「你是錯誤的」。優斗不由得苦笑了一下。

以「蔥花鮪魚肚」為例進行思考

「佐織小姐，這怎麼行呀。」

「啊哈哈，抱歉抱歉。優斗提出的主張很有趣。不過，我覺得有兩個地方會被吐槽。」

「是哪裡？」

「首先，豬肝是主角的部分。或許也會有人認為韭菜才是主角吧。不過，我覺得這與個人主觀因素有很大關係。」

「沒錯，我也是這樣想的。以哪一項當作主角的這一個議題，要駁倒對方或許很困難。」

看起來另一個會被吐槽的地方才是重點。兩人的對話逐漸白熱化起來。

「因為豬肝是主角，應該排在配角韭菜的前面……這個主張。」

「佐織小姐要如何否定這一主張呢？」

「嗯……不過，確實，對於優斗所說『主角排在前面』的這一主張也有同感啊。傷腦筋耶……」

佐織講不下去了。

「算了，我放棄！要是優斗你的話會如何反駁呢？」

「很簡單。舉出『反例』就好了。」

「那個剛剛也有講過了啊。反例到底是什麼？」

「蔥花鮪魚肚！」

「……」

對於優斗語意不明的話語，佐織再一次目瞪口呆，完全僵住不動。

「那是什麼暗號嗎？」

「對～對不起。我很拙於言辭。蔥花鮪魚肚是壽司的一種。」

「那種壽司很好吃耶。我到壽司店一定會買來吃。」

「就蔥花與鮪魚肚而言，哪個是主角？」

佐織的表情瞬變，似乎察覺到一講到「主角」，這對話就面臨重要的關頭。

「蔥花與鮪魚肚的主角……我認為是鮪魚肚。因為這個壽司店有在賣啊。」

「對，我也這樣認為，蔬菜店就沒賣鮪魚肚。」

「……不過，那又怎樣？」

「妳沒發現什麼嗎？」

優斗希望佐織能夠主動發現，因此故意默不作聲。在下一瞬間恍然大悟的佐織表情陡變。

「主角放在後面！」

豬肝韭菜的邏輯也與蔥花鮪魚肚相同？

主角	豬肝	鮪魚肚
配角	韭菜	蔥花
名稱＝主角＋配角	豬肝韭菜	鮪魚肚蔥花？

「反例」有一個就足夠了

「沒錯。蔥花鮪魚肚的主角——鮪魚肚被排在配角蔥花的後面，如此這般的話……」

「剛剛講的豬肝炒韭菜的主張就會瓦解了啊！」

主張必須要有邏輯，否則的話，只要舉出一個不符合該邏輯的例子就可否定其主張。

「現在出現在話題中的蔥花鮪魚肚，就是與豬肝炒韭菜的主張相反的一個例子。因此……」

「這就是所謂的反例啊。」

「沒錯。這種反例的方便之處就在於只要一個就足夠了。」

「怎麼講？」

對於佐織的疑問，優斗稍想了一下就舉出淺顯易懂的例子。

「例如，『10的倍數全部應該都可用5整除』妳認為這樣的主張正確嗎？」

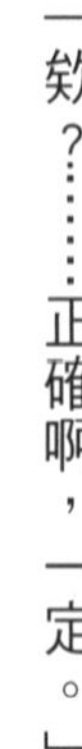

「欸？……正確啊，一定。」

「沒錯。當然正確。那麼，『3的倍數全部應該都可用5無法整除』妳認為這樣的主張正確嗎？」

「不正確。因為『3×2＝6』雖然也是3的倍數，但用5除不盡。」

「這正是反例，而且只需用一個就能否定對方的主張。」

「啊，是呀！聽你這麼一說，才發現是理所當然呀。」

看到佐織理解的樣子，優斗也微笑起來。

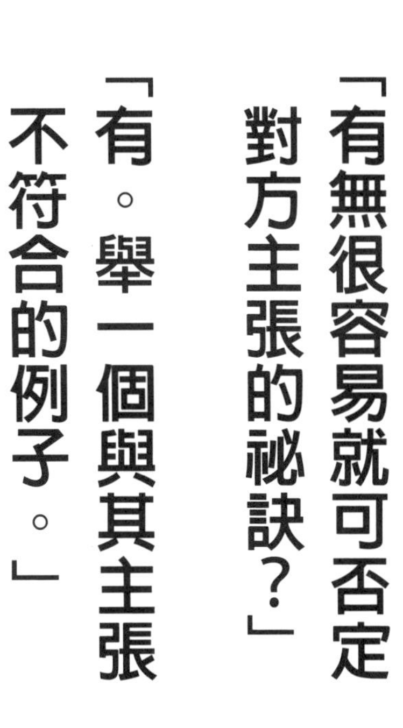
「有無很容易就可否定對方主張的祕訣？」
「有。舉一個與其主張不符合的例子。」

終日埋首於數學專業研究領域的優斗曾教過國中生與高中生數學，但卻不太有機會去教年紀較大的上班族。

「……」

「怎麼了？」

「不，沒什麼……」

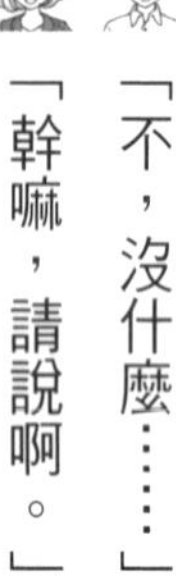
「幹嘛，請說啊。」

「我只不過是個學生，但佐織小姐卻願意很直率地問我的意見呢。」

「咦？是嗎？」

優斗透過與佐織的對話開始有一些些感受。「再繼續跟她討論下去的話，反而我也會受益也說不定」，優斗這樣想。

THINK 04

想要駁倒對方，「僅用感情論」已經不管用！

何謂「反證法」？

「剛剛不是說『否定對方主張的祕訣』有兩個嗎？另一個是什麼？」

「另一個是**反證法**。」

「反正法？好像有令人心情愉快的感覺。像是『反正怎樣都好』一樣。」

對於佐織富於聯想的（？）想像力，優斗一時之間接不上話。

「不，那是……反證法，反向證明的方法。」

「雖然我腦筋還不錯，但總覺得……這似乎很難呢。」

「沒這回事，非常簡單。」

「嗯。」

優斗在筆記本上又開始在寫東西（下頁圖）。

優斗的表情，和稍早之前列車剛開離新大阪時的神情比起來，稍有不同，總覺得似乎很快樂。

「那麼……為了說明起見，可否思考這道問題看看？」

以邏輯否定優斗的主張

「還是戀愛的話題啊。反正我現在就是單身啦。哼！」

「咦？啊，不，沒別的意思……」

「哈哈哈，開玩笑啦（笑）。然後呢？」

佐織催促著。

「由這訊息來推敲的話，我認為真正有戀人的是C。」

「……嗯，是這樣嗎？」

「請以邏輯否定我的這種主張。」

講真話的人是C？

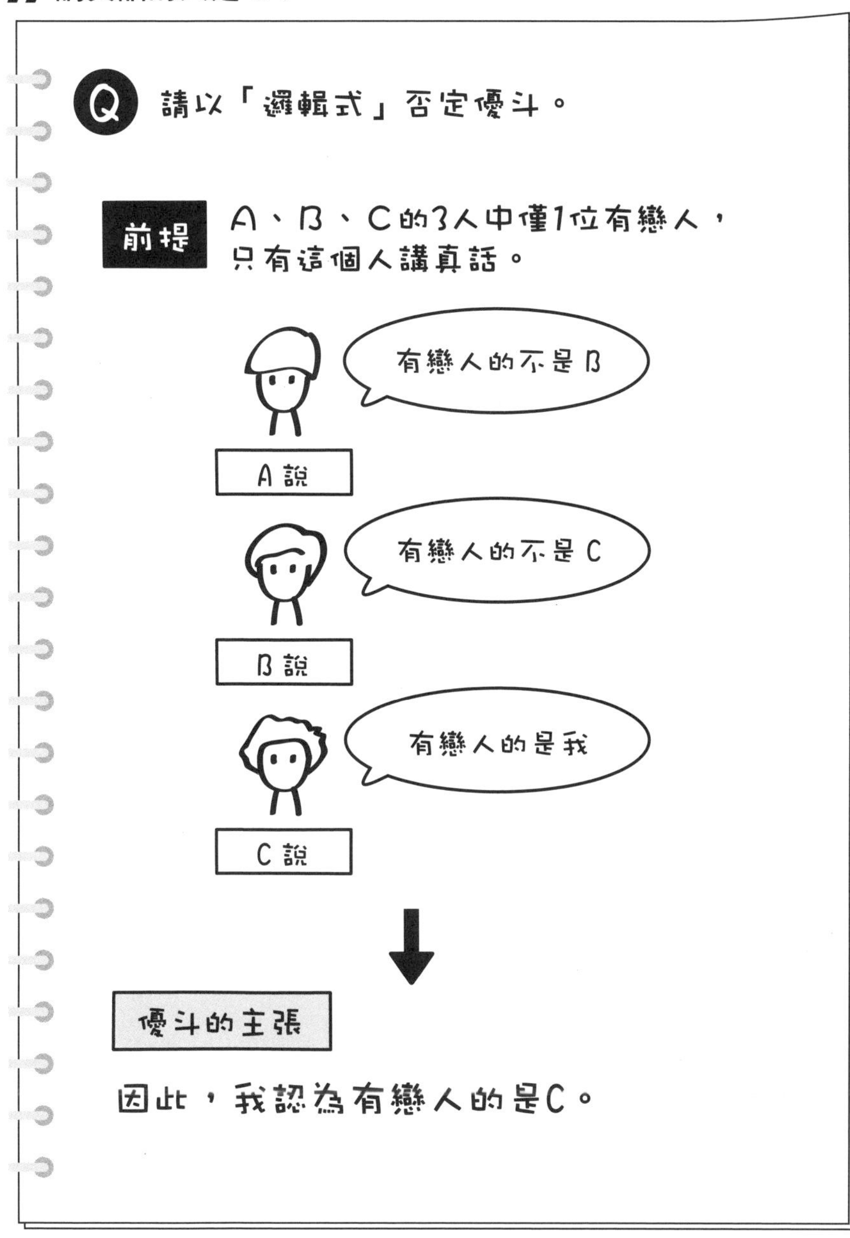
Q 請以「邏輯式」否定優斗。
前提
A、B、C的3人中僅1位有戀人，
只有這個人講真話。
有戀人的不是B
A說
有戀人的不是C
B說
有戀人的是我
C說
優斗的主張
因此，我認為有戀人的是C。

「原來如此，竟然可以這樣（笑）。」

了解到優斗的意思後，佐織立刻思考起來。不過，只經過一分鐘大概就無法集中精神了，默默地舉手擺出投降的姿勢。

「佐織小姐，妳這樣不會太早放棄嗎!?」

「才不是呢！應該說我判斷得很快。這……究竟是什麼？」

「使用反證法。」

優斗在佐織所拿的筆記本旁邊空白處慢慢地寫上「反證法」三字，並繼續說明。

「首先，假設我的主張是正確的。」

「明明是要否定你的主張，為何反而要假設你是正確的？」

「請聽到最後。先姑且假設是正確的。也就是說，說真話的人只有C。」

「是啊。假設，實際上只有C有戀人，那麼C本身所說的內容就會是正確的。」

優斗的解說終於要觸及核心的部分了。

「那麼，B的說話內容如何？」

「B的說話內容？『有戀人的不是C』……這是騙人的吧。」

「是這樣沒錯。那麼A的說話內容如何？」

「A的說話內容？『有戀人的不是B』……這是真的呀。有戀人的只有C。」

「如妳所說，但妳會不會發覺怪怪的？」

「咦？怪怪的……？」

與前提矛盾

這個例子的大前提是「講真話的只有一個人」。由此大前提觀之，很明顯地產生了矛盾。

「我知道了！講真話的人有兩人！」

「正是。與前提發生矛盾。為何會發生這種矛盾呢。那是……」

「將優斗的主張假設為正確的緣故！」

「答得漂亮。」

「的確如此啊~**做某種假定↓產生出違背前提的結論↓怪怪的↓為何會發生這種事↓做了某種假定之故↓因此可否定這種假定的內容。**就是這樣。噢！這些全部可用『線』連接吧。」

「佐織小姐，太完美了！這稱之為反證法。」

佐織第一次瞭解到「反證法」，加上優斗的誇獎，顯得很高興

「再進一步思考發現……結果這問題裡有戀人的是誰？」

「同樣地，假設有戀人的是A的話，那麼B所說的也就是真的，這樣就會產生矛盾，但若假設是B的話就不會產生矛盾。」

「也就是說，有戀人的是B。」

「如妳所說的。」

「OK！完全瞭解了。剛剛所舉的反例方法，與現在的反證法，可在工作中派上用場的情形似乎非常多。」

「是這樣嗎？例如可使用於什麼時候呢？」

假設有戀人的（說真話的人）只有C

	說話內容	說話的真偽
A說的話	有戀人的不是B	真
B說的話	有戀人的不是C	偽
C說的話	有戀人的是我	真

↓

「真話」2人

↓

與前提矛盾

今後將步入社會的理工科學生優斗，對於這話題顯得十分感興趣。

「比如說，在會議或討論的場合時，對於同事或是後輩的主張，可以尋找反例予以反駁；或假設其主張正確時，也可思考是否會發生奇怪的事而予以反駁。」

「的確是如此。我在研討會的討論上要對別人加以反駁的時候也經常使用。」

「偶爾在電視上看到，政治人物在國會論政的時候，對於對方的主張不是也經常批判？我覺得也是使用這種辯論方法。」

「經妳這麼一說發現確實如此……這種所謂的邏輯思考，於成為社會人士之後，在討論的場所還是會使用到。」

「是啊。確實如此，感覺到若會這種邏輯思考方法，就可正確地討論，而非表面膚淺的思考方法（反之，若不會這種邏輯思考方法，就會被笑說：『有仔細想過後再發言嗎』……）」

在數學的世界裡，證明所提出的論點是否正確非常重要，不允許有任何反例或矛盾。不過，要證明論點有誤卻非常地簡單，因為只要有一個反例或矛盾即可。

這種思考的方法不僅僅只是學問方面的世界，即使像是佐織這種上班族也可以充分運用。

「……」

「怎麼了，佐織小姐。」

「嗯？什麼？」

「沒。妳看起來好像不大有精神。」

「嘿嘿嘿……還好啦。」

兩人之間沉默片刻。

「從我上班工作以來就是如此，前男友上田的事情也是如此……」

「……？」

「我並不知道要如何好好地整理事物，或正確地否定或利用反論等的方法……」

「……」

「若是知道的話，就可稍微『正確地討論』……」

「……」

「現在才亡羊補牢，或許人生已有些損失，我……」

優斗沒有說話，默默地眺望著窗外的景色。

列車剛好滑入名古屋站，乘客進入車廂。原本還有幾個空位的11號車廂頓時客滿，列車開始再開往東京。

「似乎聽到開罐器的聲音此起彼落呢。」

「是啊。對於上班族而言，在新幹線上喝一杯是無比幸福的事呀。」

「欸，是這樣啊。」

「我也口乾舌燥了！喂，你想喝什麼？我請客。」

看到進入11號車廂的車內販售小姐，佐織的表情立即堆滿了笑容。

「有無其他可以簡單地否定對方主張的祕訣？」

「先假設對方的主張正確，再找出矛盾之處。」

只有數字及計算才是數學？

讀者一聽到「數學」時，最先浮現在腦海的或許是數字及計算。

確實，學生時代的數學課盡是「請計算下列方程式」、「請解開下列微分方程式」，因而認定數學的主角就是數字及計算，這也是沒辦法的事。

不過，其實這種認知是錯誤的。

「邏輯」才是數學的主角。

訓練邏輯式思考，掌握物事的結構，最終解決問題的一門學問，這才是「數學」。

數字及計算只不過是使用於運算時的「作業」。

事實上，在第 2 章出場的反例及反證法的說明中，並未出現數字及計算。

或許讀者因本書才開始接觸到一點點的數學本質也說不定呢。

第 3 章

向優柔寡斷說再見！迅速「決斷」的思維祕訣

《 THINK 《

01 為何我會優柔寡斷呢？

02 判斷基準無法聚焦時應如何是好？

03 被問到「有何根據」時，感到窘態畢露…要怎麼辦呢？

04 傳授「如何決策」的終極方法！

為何我會優柔寡斷呢？

我想從猶豫不決畢業！

「對不起，請問有什麼飲料？」

佐織詢問正在車廂內販賣東西的女販賣員。她的胸前別了一個寫有「奥田」的識別名牌。

「您好。我們有賣咖啡、紅茶、綠茶及各種果汁。酒類有啤酒、日本酒、威士忌及碳酸酒精飲料。」

「那麼……嗯，要喝什麼才好？優斗你呢？」

「咦？讓妳請客好嗎？」

「當然，不用客氣。請選個喜歡喝的。」

「那給我一杯熱咖啡。」

「好的。」女販賣員輕輕頷首後，視線自然地轉向佐織。

「嗯……那我就……嗯～怎麼辦，傷腦筋。」

「……」

「……」

「佐織小姐，妳會喝酒嗎？」

「嗯，不怎麼會喝。有時因工作關係導致心情鬱卒時會喝一點點。討厭，不是喝悶酒啦……」

「……」

「啊，對不起。那麼我也喝熱咖啡。」

「好的。」，奧田再次輕輕頷首後，將熱咖啡遞給他們兩位。

佐織一邊看著正在數零錢的女販賣員，一邊如此想著。

「……（對了，我為什麼老是這樣優柔寡斷呢……）」

決定了下一個話題

「找您400日圓。」

「啊，謝謝。浪費妳的時間，不好意思。我總是優柔寡斷……」

「哦，不不，沒那回事。光是因為一瓶飲料，心情就會改變，所以也會因此感到難以決定。特別是女性的顧客大多會感到煩惱。」

「是這樣喔。」

「是啊，其實我也是優柔寡斷。那麼請慢用（微笑）。」

拿取找回的零錢，佐織不由得笑起來，同時行禮致意。

「佐織小姐會優柔寡斷嗎？」

「會啊，我在這方面也是從以前開始就是這樣。不擅長於很迅速就下決定。優斗呢？」

「我嘛……我大概不會優柔寡斷。至少沒被周圍的人這樣說過。」

在佐織的腦海中浮起了一個打算向優斗請教的話題。

要「決定」某件事時，優斗是如何思考的呢。

「欸，優斗若有好幾個選項，煩惱不知如何選擇時，最後都是如何思辨才做出抉擇的？」

「煩惱不知如何抉擇嗎？」

「像你這種類型的人難道都沒有那種『不知道怎麼決定』的事情嗎？」

「確實會有這種情形……簡單來說，是決定出一種評價方法吧。」

「……似懂非懂。有什麼具體的例子嗎？」

「知道了。那麼，就使用剛好幾個月前發生的案例。」

優斗在手邊的筆記本上又寫了一些什麼（109頁圖），佐織一邊窺望，一邊啜了一口咖啡。

哪個攤位出色？

「在秋季時有學園祭（校慶），由研討會的成員設立炒麵的攤位。不過，別的研討會同學也在稍遠處設立了一個炒麵攤位。我所屬的研討會所設的攤位假設為A，那個對手的攤位設為B。各自的營業額、成員人數以及營業時間如圖表數字（次頁圖）。」

「嗯，然後呢？」

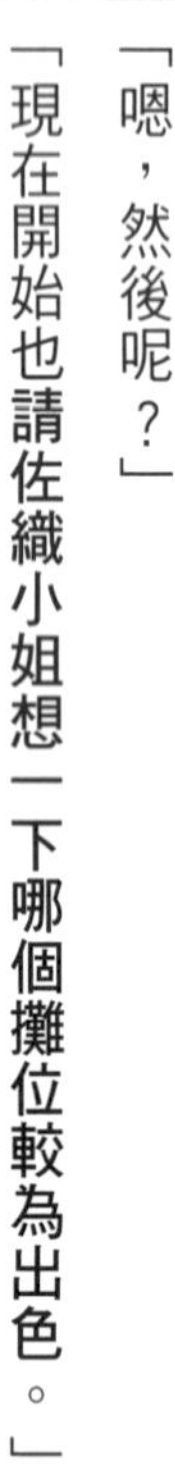

「現在開始也請佐織小姐想一下哪個攤位較為出色。」

「原來如此，好哇。」

「先講我的意見。因營業額較高的是A攤位，因此，我認為A攤位較出色。」

佐織立刻深入問題核心。在生意經驗方面佐織較占上風，數字再不濟，也可由這資料中讀取一些什麼，這乃是稀鬆平常的事。

「等一下。所謂的生意並不像優斗所想的那般單純喔。」

「……怎麼講呢？」

對比兩家店的數據

A與B哪個是出色的攤位？

	營業額	員工人數	營業時間
炒麵攤位A	42,000日圓	5人	10小時
炒麵攤位B	40,000日圓	8人	8小時

「以更少的員工，卻可更具效率地賺取銷售額，這種攤位才較為出色，不是也有這種思考方式嗎？」

「的確如此。也就是說……應以計算每名員工的營業額來進行評價才對。」

「就這樣。」

優斗迅速地心算了一下後填入數字。

「順便提一下，最右側的營業時間內的數字，以商業的觀點來說的話，是否可使用於評價上？」

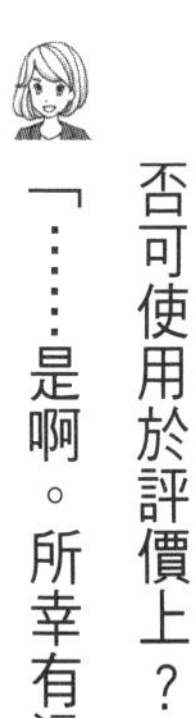

「……是啊。所幸有這些數字才可計算出每小時販賣了多少銷售額，因此，我認為可使用於評價上。」

「原來如此。也就是說……應該是要以計算每個小時的營業額來進行評價才正確。」

其實這項討論的展開是依優斗的劇本演出的。優斗究竟想從這項討論中傳達什麼想法呢？兩人的對話進入核心部分。

「佐織小姐，我將剛剛的對話整理成表格了（次頁圖）。」

「嗯。果然整理成表格就一目瞭然了。」

「不過，結果到底是A攤位或B攤位出色呢？」

「欸？」

佐織重新看了一下優斗整理的表格。以每人營業額來評價的話，A攤位較為出色；若以每小時營業額來評價的話，則B攤位較為出色。

「哦，確實，以每人營業額來評價的話是A攤位，而以另一評價方式的話則是B攤位。這……要如何判斷呢？」

由資料計算出來的新數字

結果到底是A攤位或B攤位出色呢？

	每人營業額（日圓／人）	每小時營業額（日圓／時）
A 攤位	8,400（Good）	4,200（Bad）
B 攤位	5,000（Bad）	5,000（Good）

一方為A較出色，另一方為B較出色

儘管身為上班族所考慮到的層面明顯較多，且是熟悉的主題，但最後面臨判斷時腦筋卻一片空白，佐織因而略為受到打擊。

因要從多數中抉擇，一般人就迷惘了

「剛剛佐織小姐對於喝什麼飲料感到困擾而難以抉擇，我認為恐怕和這道題目的道理是相同的。」

「欸!?究竟是怎麼回事？」

優斗也喝了一口咖啡，輕咳一下後開始說下去。

「再請教一下，佐織小姐剛剛在決定

要喝什麼飲料時，為何感到那麼困擾？」

「那是……今天碰到一些很煩的事情，為療癒自己，想喝點啤酒或什麼的，不過，要用點頭腦才能和你對話，還有覺得想要再聊些邏輯思考的問題……可使頭腦清醒的咖啡還是比較適合……」

「也就是說，進行決定的判斷基準有兩個：『可療癒的飲料』與『使頭腦清醒的飲料』。」

「……你想說的是，完全大相逕庭的兩個判斷基準，即使想破了頭也無法決定，對吧。」

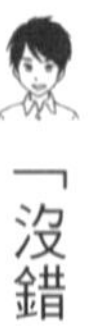

「沒錯。因此，一如剛剛所說的，我面臨抉擇時的評價方法，換句話說，就是以『**將選擇的規則定為一個**』做為基本。」

「為何無法選擇出一個呢……？」
「因為選擇的規則不止一個。」

判斷基準無法聚焦時應如何是好？

簡單思考

車廂內的跑馬燈顯示著「現正通過三河安城站中」等文字。在這大多是出差返家的上班族車廂內飄散著微微的酒香味。

「對啊。選擇的規則很多的話，人當然會困惑。」

「對。」

「以剛剛提到的例子來說，若以每人營業額來評價的話，結論就是A攤位；若以每小時的營業額評價的話，結論就是B攤位，討論就結束了。」

「沒錯。不論是哪個都能迅速『決定』。」

「無比簡單的思考」這是佐織的感想。

那麼說來，主管也經常如口頭禪般地說「要簡單思考」。最近非常暢銷的商業書籍的書名也是『簡單思考』……

佐織在瞬間回憶起種種往事，在自己的心中深深反思著。

「優斗所說的我了解，就如你所說的。不過，我覺得還是會有些事無法聚焦在一個判斷基準……特別是對優柔寡斷的人來說。」

「……」

「例如，假若優斗處於這種處境的話會如何做，請告訴我。」

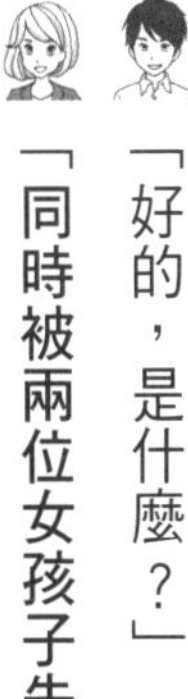

「好的，是什麼？」

「**同時被兩位女孩子告白，但只能從中選擇一人時。**」

「……咦？咦？？這什麼問題啊!?」

優斗滿臉通紅。看到優斗這樣子，佐織樂不可支。

「兩位女孩子都很可愛喔，也都非常喜歡你。這可是許多男人夢寐以求的吧？（笑）」

「我，我完全不瞭解……」

「呵呵呵。且看萬人迷的優斗要如何處理？是否可用剛剛說的簡單道理明快地決定呢？」

「是，是啊……確實，判斷基準只能有一個……」

於是，直到剛剛還忐忑不安的優斗表情不變，目不轉睛地直視著前方並開始思索起來。應該是重啟開關了吧。

何謂「加權計分」？

「要使用加權。」

「……？加拳？這樣一定行不通吧……」

「不是拳擊的拳。」

「……你可真清楚我在想什麼。」

優斗在筆記本上用筆再次地描繪起像表格之類的東西（次頁圖）。佐織瞄了一下這張圖表，並將涼了的咖啡一口氣喝下。

以三項關鍵點對 A 小姐與 B 小姐進行相對評價

	性格	住家遠近	漂亮程度	合計
A 小姐	2	7	6	15 (=2+7+6)
B 小姐	8	3	4	15 (=8+3+4)

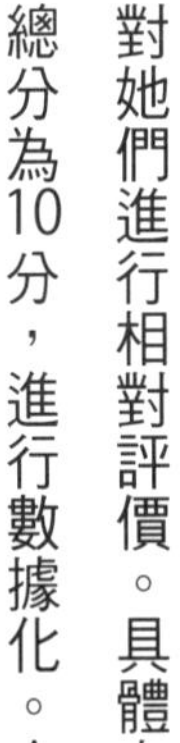

「例如，這兩位美女有多漂亮呢？先對她們進行相對評價。具體上以單項總分為10分，進行數據化。A小姐若長得稍漂亮一點，就給6分，B小姐給4分的一種感覺評分法。同樣地，個性與……」

「噗哧！住家遠近這一項，感覺就充滿著學生的氣息（笑）。」

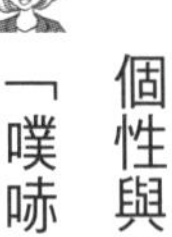

「因為想見面時立刻就可見到的距離不是比較好嗎？」

對於優斗天真無邪的語言，讓佐織感覺到「年輕真好」。

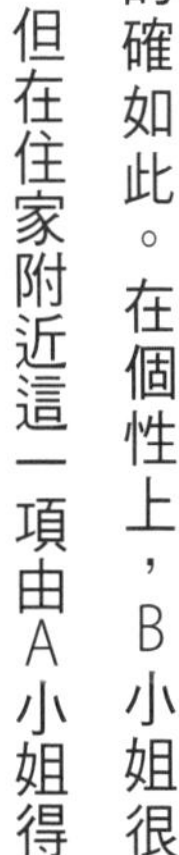

「的確如此。在個性上，B小姐很讚，但在住家附近這一項由A小姐得

分。不過，這些數據加起來兩人不都是15分嗎？」

「沒錯，因此，要再進行加權計分計算。就我來說，這三項基準都很重要。不過，若就這樣計算，A小姐與B小姐永遠無法分出誰會勝出。」

「確實如此。需決定這三項基準的重要性，強迫分出優劣。」

「對。對於強迫分出優劣上是一種非常便利的方法……」

「就是所謂的數據化。」

使用加權計分進行評價

「是的。對於我而言，重要性最高的『個性』×3；重要性次高的『住家附近』×2；重要性最低的『漂亮程度』×1，對數值加權計算。經過重新計算之後……」

「A小姐為26分，B小姐為34分。也就是說，可做出結論：優斗希望B小姐做他的女朋友。」

「沒錯。兩人均使用三項的評價基準，而且因為可反映出重要性的綜合評價，我本身也很有認同感。」

「優斗，這種思考方式似乎也可適用在我的工作上耶！」

加權計分的綜合評價

◎對優斗的重要性

①重要性最高的「個性」→ ×3

②重要性次高的「住家遠近」→ ×2

③重要性最低的「漂亮程度」→ ×1

	個性（×3）	住家遠近（×2）	漂亮程度（×1）	合計
A 小姐	6（2×3）	14（7×2）	6（6×1）	26
B 小姐	24（8×3）	6（3×2）	4（4×1）	34

選擇B小姐當女朋友

「真的嗎？」

實際上，這種數據的運用就稱為加權計分評價，在商場上也可使用。

在商業上，若仍維持以定性（無法用數據呈現的狀態）討論的話，則永遠無法分出大小及優劣。不過，若對被定量化（將一般無法以數據呈現的東西數據化）的東西進行討論的話，則另當別論。

「現在回想起來會發現，那些無法抉擇的，大致上都是缺乏數據的討論。因此，**在面臨抉擇的時候，即使強迫也必須數據化，進行定量的討論**。原來如此、原來如此。」

嗯、嗯地點頭的佐織繼續說道。

「想起來了。」

「什麼？」

「向顧客簡報時，拼命地說明我們公司與其他公司的服務差異，但發現經常發生就算長篇大論，還是無法順利傳達理念的情形。」

「是這樣啊。」

「是啊。若如此數據化後加以說明的話，就淺顯易懂，且如優斗所說的，似乎也可讓人感受到『認同感』。」

「如果可以幫上忙的話，可真令人感到高興。」

不過，下一瞬間，佐織突然輕笑起來。

「順便一提……（輕笑）。」

「？？」

「優斗在這之前真的這樣選擇自己的女朋友喔？呵呵呵。」

「不。我……從沒有女孩子跟我告白過。」

「啊……」

幾乎要將「糟了」脫口而出的佐織吐了一下舌頭。

在沒有正確解答之中進行「抉擇」

「我反過來也想問問佐織小姐，可以嗎？」

「剛剛問了不該問的問題，為了表示道歉，願意回答任何問題。」

優斗喝完涼掉的咖啡。

「我對一個問題感到有興趣，在實際的商場上，若有剛剛所說的A攤位與B攤位的資料的話，結果會判斷哪家出色呢？也就是說，會認為『每人的營業額』與『每小時的銷售額』哪邊才是重要的數據呢？」

「原來如此。也就是說，要以哪邊的評價進行加權計分呢，是這樣嗎？」

「機會難得，想向社會人的前輩請教。」

確實，對於還是學生的優斗而言，所關心的問題還是這位上班族前輩如何「解答」這問題。

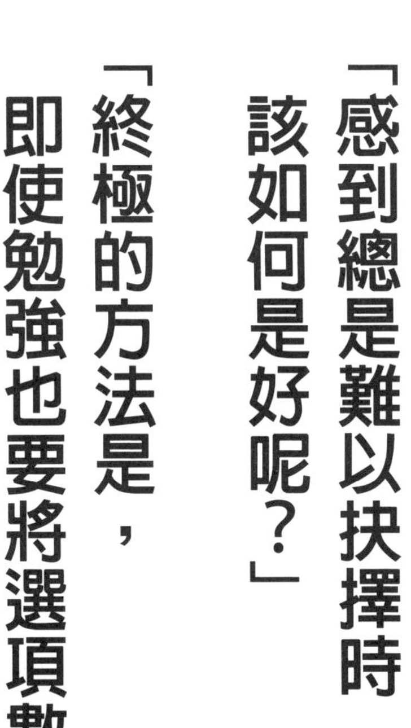
「感到總是難以抉擇時
該如何是好呢？」
「終極的方法是，
即使勉強也要將選項數據化。」

「我覺得優斗所期待的答案會無解喔。」

「……意思是？」

「簡單來說，依個案處理。依商業型態的不同，對於人事效率與時間效率在比重上也會各有不同。」

「是喔……也就是說，並沒有像數學公式那般可適用於所有的個案啊。」

「沒有沒有（笑）。」

仔細思索一下這乃是理所當然。若有這種萬用公式及方法論的話，任何人在商場上都不需費心進行「抉擇」就成功了。

「因此，有人說『商場沒有正確答案』。」

「沒錯。你現在正研究的數學對於問題倒是有正確的答案。」

「是啊。學問與生意截然不同呢……」

「就是因為沒有正確解答，即使勉強，也要有決斷的能力或許才是重要的……」

被問到「有何根據」時，感到窘態畢露……要怎麼辦呢？

覺得好像在哪裡碰過面……

「喝完了嗎？疊在一起我拿去丟掉，順便上洗手間。」

佐織拿著兩個用過的空紙杯，走向放有垃圾箱的車廂間的連接走道。丟掉紙杯並上完洗手間，準備回座時，在車廂門連接走道上剛好聽到有位年約40歲左右的男士在講行動電話的聲音。

「對，對，那件事。進展如何？」

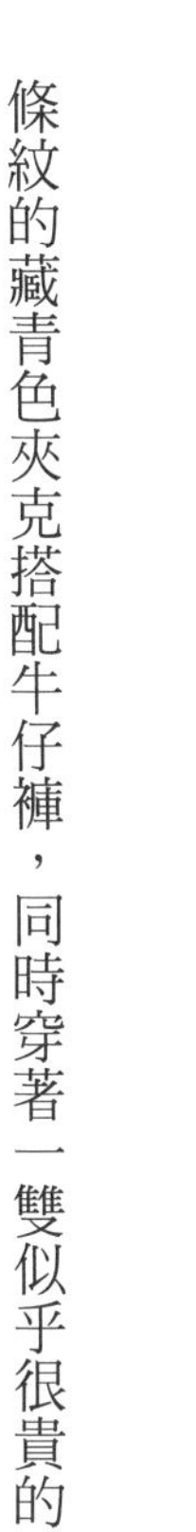

條紋的藏青色夾克搭配牛仔褲，同時穿著一雙似乎很貴的皮鞋。

「這樣不行喔，想法太膚淺了。我再三交代，希望能夠逆向思考呀……大家都往左

的時候，你也跟著往左的話不行喔，這時候你就要往右走。」

話說得似乎很老練的這位男士，是哪家公司的董事長吧。總之，洗鍊的外表洋溢著「精明能幹的氛圍」與「很會賺錢的感覺」。

「對，拜託了。明天一大早之前就先彙整好創意點子。你的工作不是作業，而是思考。就這樣，好好幹。」

佐織不由得目不轉睛地盯著看，這位男士因而察覺到。幾乎要脫口說出「咦？」的表情。感到難為情的佐織輕輕點頭後就離開車廂間的連接走道。

「……？（這個人好像在哪裡見過……不，心理作用吧……不，絕對在哪裡見過！到底是誰呢……）」

佐織一面這樣想著，一面帶著悶悶不樂的心情回到座位上。不過，優斗一句「回來啦」，這種鬱悶的心情馬上煙消雲散。

其他還有可供「抉擇」的祕訣？

「……怎麼了？」一臉深思的表情。

「咦？嗯，沒事。我們繼續剛剛的話題。」

「好啊，講什麼呢？」

為了向「優柔寡斷」說再見而獲得重大啟示的佐織，在這一「決斷」的話題上，還有要向優斗請教的問題。

「所謂『具有說服力的抉擇方法』還有其他祕訣嗎？」

「……具有說服力的抉擇方法嗎？」

「對。一路談到這裡，我認為這是最重要的話題。不過，在商務場景上，對於決定的事，還必須對第三人，例如上司及部屬說明，並取得理解。」

「也就是說，要做決定的這一行為不能自己說了就算嗎？」

「就是這回事。不能自己決定了就可以。」

確實，從事某一商業行為時會有很多人投入，共同推動往前邁進。若是如此的話，對於決定某一件事情時，一定要有符合邏輯的理由。

「這樣啊。或許有點麻煩……所謂的社會人果然是很辛苦呢。」

「嘿嘿嘿，是這樣沒錯~我覺得優斗到那時候也一定會非常辛苦。」

「是啊，我開始想一直當學生了……」

「哎呀，我或許毀了一個年輕人對於未來的可能性（苦笑）。」

兩人的臉上堆滿笑容，他們的對話逐漸進入正題。

「具有說服力的抉擇方法啊。」

「對。剛剛加權計分的方法，在決定之際可用來做為依據，且具有說服力。像這種武器，我好想再多學幾種喔。」

「有喔。」

「咦？真的？」

有使用「消去法」嗎？

佐織對於優斗的話雀躍不已。

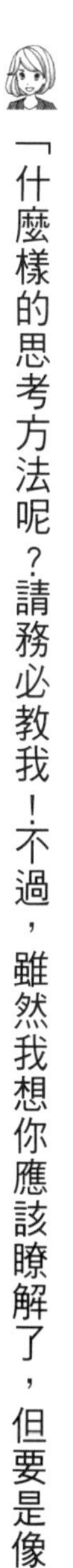

「什麼樣的思考方法呢？請務必教我！不過，雖然我想你應該瞭解了，但要是像『某某思考』之類深奧的理論，我可是沒辦法喔。」

「放心，非常簡單，連小學生都會。」

「我是小學生水準嗎……」佐織將這句話吞下去，催促優斗講下去。

「什麼樣的思考方法？」

「**是消去法**。」

「消去法？非常簡單的……」

如優斗所說，「消去法」的確是連小學生都知道的概念。不過，在佐織的腦海中，「消去法」這詞與「具有說服力的抉擇方法」的話題無法連結。

「就像從剛剛一樣，出一些我可以回答的問題吧。」

佐織自己要求「問題」。對於佐織的要求，優斗略顯高興，輕輕地點頭。優斗說「知道了」，於是在筆記本上寫下次頁的問題。

「原來如此~。是否應推新服務案，正面臨必須抉擇的關頭。而且，還是個需要提出依據的題目呢。」

「是的。」

「哎，總覺得好像是企業策略的話題……這不是數學的問題吧。你是在哪裡學到的？」

「不，這是數學喔。」

「……？？」

優斗在比較新的數學領域中曾學習所謂的「遊戲理論」，那理論也可應用到企業策略。

優斗的問題係使用其最基本的要素並加以說明。

所謂的遊戲理論，係以數學上的方式掌握有關策略決策的行動理論。

如何仔細思量後做出結論？

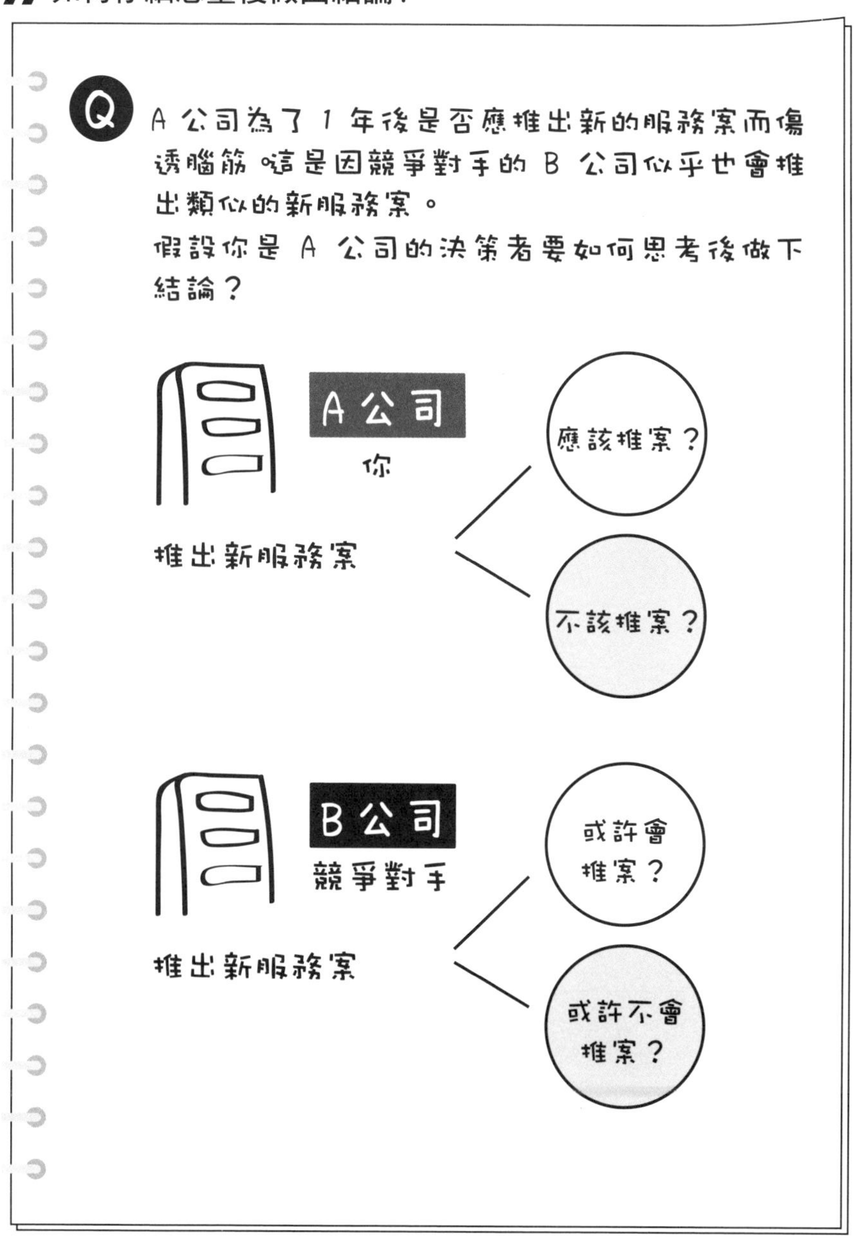

「嗯，遊戲理論。這與智慧型手機應用程式上的遊戲不一樣喔。」

「沒錯。為何是『遊戲理論』這個名稱，讀到後面就一定會知道。」

佐織究竟能從這問題上掌握到什麼？

時間剛過19點。從新大阪出發後已經過了一個小時以上。

他們乘坐的這班新幹線列車，繼續駛往下個停靠站新橫濱。

「『決策之後的說明』
無法順利進行。」
「說明時，運用小學生都會的
『消去法』較為方便。」

« THINK «

04

傳授「如何決策」的終極方法！

再次使用「表格」整理

「先問一下佐織小姐的想法。」

「這個嘛，B公司若推案，而A公司沒推案的話就不妙了；而B公司若沒推案的話……」

「沒推案的話會怎樣……？」

「咦？到時候A公司也還是會推案？咦？？」

優斗笑了一下，將筆記本和筆遞給佐織。

「佐織小姐，處於這種非常混亂狀態的情形，應該要……」

「對了！整理!!」

「沒錯。要不要整理一下看看？」

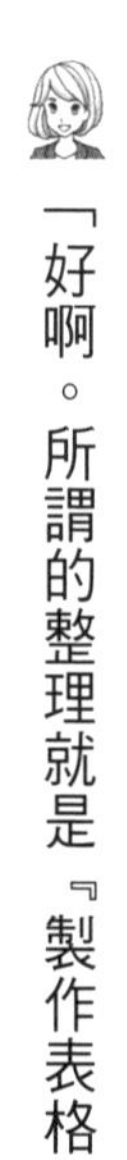

「好啊。所謂的整理就是『製作表格』。」

佐織為掌握這問題的結構而試著加以整理。因為她已經了解到繪製「表格」的確是有效的手段。不過……

「哦……雖然已經知道必須整理，但要從何處著手繪製呢……」

「佐織小姐，記不記得剛剛我提出戀愛經驗意見調查的問題？」

「嗯。記得是甩人與被甩……」

「沒錯。那時我繪製了什麼樣的表格加以整理呢？請回憶看看。」

佐織回憶一下稍早前的事。當時佐織本身了解到「整理＝條列式書寫」。不過，其後優斗所描繪的是……

「想起來了！甩人的概念有YES與NO兩個，被甩的概念也有YES與NO兩個，因此……」

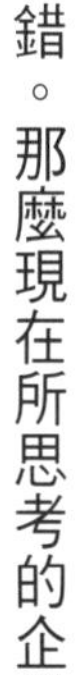

「沒錯。那麼現在所思考的企業策略題目要如何做呢？」

「原來如此。什麼嘛，這樣不是很簡單嗎！」

佐織突然興高采烈起來，很快地描繪表格並寫上文字（次頁圖）

體驗遊戲理論

「完成了。」

「那麼，可說明一下嗎。」

「假設A公司和B公司都有推案，若認為會將同一市場瓜分掉的話，可以說就是『平分秋色』的一種說法。」

「確實如此。」

「同樣地思考一下，假如A公司有推案，而B公司沒有推案的話，A公司當然獲勝。」

「確實如此。其餘兩個也同樣進行了思考。佐織小姐真棒！」

對於優斗的話，佐織以得意的表情回說「這麼點程度當然沒問題」。可能是為了隱藏心中的竊喜之情吧。

使用佐織的表加以整理

應該推出新的服務案嗎？

		B公司（競爭對手）	
		推	不推
A公司（你）	推	〈狀況1〉不分勝負	〈狀況2〉贏
	不推	〈狀況3〉輸	〈狀況4〉不分勝負

不過，還沒結束，討論終於要進入核心了。

「那麼，開始進入正題。我（A公司）最後必須決定是否應推出新服務案。不過，這個嘛……」

「怎麼了？」

「不過，這個嘛，看這個表就會發現結論已經出來了。推案的話，最壞的打算也不過是不分勝負。不過，若沒推案的話，最壞的狀況就是輸掉。不管怎麼選擇，也不會選擇後者啊。」

「佐織小姐，妳注意到了嗎？」

「咦？怎麼？」

「現在佐織小姐所做的正是消去法。」

「啊……」

用消去法思考就是如此

「不推案」並非選項。因此，選擇「推案」。簡單的消去法。

之後，兩人的討論開始出現另一種觀點。

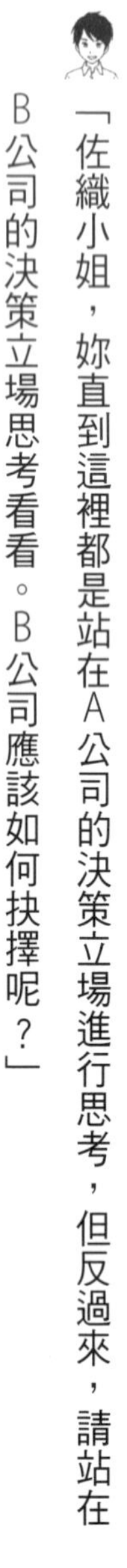

「佐織小姐，妳直到這裡都是站在A公司的決策立場進行思考，但反過來，請站在B公司的決策立場思考看看。B公司應該如何抉擇呢？」

「咦？你在說什麼啊。不是與A公司一樣，選擇『推案』的決策嗎？」

「沒錯。B公司的決策者若是個大傻蛋……不，若是個某種程度的聰明人的話，理應也同樣會使用消去法，選擇『推案』。」

「等一下。你的意思是……」

「佐織小姐所整理的四個狀況之中，實際會發生的狀況是……」

「再怎麼精打細算也是選擇狀況1呀！」

「沒錯。因此，要做推案的決策易如反掌。」

「還有，有關做此決定後，也有可說服第三人的邏輯存在。」

用消去法思考的話，〈狀況 1〉就是結論

	是否推案呢	A 公司消去法	B 公司消去法	綜合式消去法
〈狀況 1〉不分勝負	A 公司推案 B 公司推案			
〈狀況 2〉A 公司勝出 B 公司敗北	A 公司推案 B 公司不推案		×	×
〈狀況 3〉B 公司勝出 A 公司敗北	A 公司不推案 B 公司推案	×		×
〈狀況 4〉不分勝負	A 公司不推案 B 公司不推案	×	×	×

結論

推出新的服務案。
不過，由於推測 B 公司也會推案，僅靠本服務的推案，恐怕不能獲得壓倒性的勝利。

「是的。其說服力是……」

「透過消去法，『只有這個選項』而已。」

在佐織的腦海中，截至目前為止的討論都是以線連結起來的。在實際的商業上，預估收益及研發費用等也都是利用數據加以掌握後再進行決策，因此，有時也不可能會形成這麼簡單的結論。不過，「邏輯性思考、具有說服力的抉擇方式。」等觀點，數學的遊戲理論是可教導我們重要因素的素材。

如果換成是我的工作……

「這個嘛，很像是我服務的廣告公司與其競爭對手的關係。類似我們公司對於電視的廣告是否要推案呢，另外競爭公司對電視的廣告是否要推案，似乎也都舉棋不定呢。」

「確實如此。或許宛如與『正確思考』的對手進行一場策略遊戲一般。」

「嗯~與『正確思考』的對手的遊戲……嗎？」

佐織的話頓使討論白熱化起來。

「也就是說，是這麼一回事吧。如果競爭對手有相當程度的『聰明才智』，在同樣的思考後一定會提出電視廣告的推案。意思就是，我們公司的選項中不推案是不可能的。也就是說運用消去法，『推案』就是決定事項。但若只是這樣的話，並不能成為爭取到客戶預算的決定性招數，附加價值的推案才是主軸。以這種差別化，恐怕才是競爭勝敗的關鍵。」

「……！」

「附加價值的推案為……例如，在目標層次可多方面接觸、成本效益高，且在與電視的適性相呼應的SNS（Social Network Services，社會性網路服務）上推動口碑。這樣～」

「原來如此～。廣告是以這樣的做法來思考啊，真厲害。」

「這種思考方式似乎可原封不動地拿到現場使用。」

「順便一提，最後所說的SNS的話題，正是歸納式的論述。使用三條線，來說明SNS這個結論。」

「原來如此！確實是這樣呢。」

佐織歡欣雀躍。對於掌握到些許訣竅，能以正確思考來決定事情，並加以詮釋的自己感到高興。而且覺得自己似乎做得到。

「到頭來，在決定某件事時，最具說服力的理由，或許就是**沒其他選項了**。」

「沒錯，我也這樣認為。數學的論述很多也都是利用消去法，將不恰當的論點逐一刪去。」

「啊～！我想起來了～!!」

「咦？」

「想起來了～!!」

佐織突然大叫，車廂內的乘客幾乎都聽得到她的叫聲。優斗眼睛瞪得大大的盯著佐織。

佐織想起來了。她想起剛剛在車廂間的連接走道碰到那位「感覺很精明能幹」的人是誰了。

「『選擇這個的理由』
最具說服力的是什麼？」
「『只有這個，沒其他選項了』
的理由。」

因具有邏輯就可果斷決定

例如，企業研修等的課程中，假設分為可立即決定事情的小組，與無法立即做出決策的小組。

其差異由何產生出來的呢?若要清楚地呈現出來的話，那就是「是否邏輯地思考」。

前者會邏輯性的思考，其判斷有所依據。因此，具有自信，可立即決策。

另一方面，後者則相反，內容毫無邏輯，形成「不著邊際」的討論，結果缺乏自信，無法決策。

也就是說，能否邏輯性思考，甚至能決定此人推動工作的速度。

可立即決定，或不能立即決定，其差異絕不是「能否下定決心」，而是在於有無邏輯性思考。

你是否再次體認到，邏輯性思考是很重要的?

第 4 章

產生嶄新的創意點子！學習構思力的思考祕訣

« THINK «

01 究竟要如何才能產生出有創意的點子？

02 有可以鍛鍊創意構思力的祕訣嗎？

03 請教我更多鍛鍊構思力的祕訣！

04 「這很新穎別緻喔」
很想產生出被如此形容的創意點子！

« THINK «

01

究竟要如何才能產生出有創意的點子？

想起來了的「那個人」

「我先失陪一下！」

佐織站起來，邊走向車廂間的連接走道，邊逐一確認乘客的臉孔。剛剛在走道上的那個人，很有可能是坐在這車廂或隔壁車廂。

不過，走到連接走道的瞬間，很幸運的是，「精明能幹的那個人」還在那裏講行動電話。

「……（找到了！）」

佐織假裝在等洗手間，等那男士講完電話後上前打招呼。

「請、請問……」

「什麼事？」

「若認錯的話請不要見怪……請問是加藤廣明先生嗎？」

面對發揮天生積極個性的佐織，這位男士仍一臉提防的樣子。

「那個……我曾拜讀過加藤先生的大作。非常有趣，對我很有幫助！」

「啊……謝謝。」

「我也從事廣告工作。但是我完全做不好……」

「……」

這位叫加藤廣明的男士，在廣告業界是無人不知的有名人物。

加藤長年在國內最大規模的廣告公司擔任創意總監，活躍於廣告界，三年前開始以自由撰稿人的身分從事活動，目前也著手策畫領導品牌的策略及廣告的製作。

「不好意思……請恕我冒昧，不知可否向您請教一件事？」

「……？」

「拜讀過加藤先生的大作後，對於工作的思考方式非常有助益。不過，只有一個問題搞不清楚。」

「……這個嘛，如果只是一個問題，那麼回答妳也無妨。妳似乎非常熱心地學習呢。」

「真的嗎!?謝謝！」

看見佐織滿面笑容，加藤提防的表情也稍微緩和下來。

創意難產！

「看見加藤先生製作和設計的廣告後，我常常會思考您究竟是如何產生出這樣嶄新的構思。因此……」

「原來如此。妳要問產生出創意的祕訣嗎？這是廣告工作的基本呢！」

「……就是說啊（苦笑）。」

「這是有祕訣的。」

「真的嗎!?」

「簡單來說，就是『**背道而馳**』吧。類似的意義就如我在工作的現場經常說的『**懷疑常識**』。……這樣說，妳無法馬上理解吧。」

「啊哈哈，對不起……」

忽然往車外望去，列車正在通過某處的車站，大概是濱松附近吧。

「創意難產」，這個問題對於佐織而言是一大煩惱。在廣告業界，要求必須具備不斷推陳出新的構思力。不過，即使是在公司的內部會議，因為創意出不來，討論大多窒礙難行。

「例如，現在正在播放某個歌舞團體的新曲電視廣告，妳知道這訊息嗎？」

「知道。經常在電視上看到！有旁白介紹，沒播放歌曲，只有跳舞的腳步聲及喘氣聲，超棒的!!」

「那支廣告，明明是宣傳新歌，為何卻做成只有旁白介紹、以腳步聲與喘氣聲表現的廣告呢，妳知道嗎？」

「的確……只有演出者的跳舞姿勢，重要的歌曲卻沒播放……」

「不過，結果卻爆紅，而且這支廣告現在成為熱門話題。」

「沒錯，就如您所說的。」

「這支廣告的創意，結果就是由剛剛所說的祕訣所產生的喔。」

這時，加藤的行動電話再度響起。

「對不起，請恕我不能再多說……」

「啊，突然冒昧請教，對不起。謝謝！」

「工作要加油喔。」

輕輕點頭致意的加藤轉身背對著佐織，開始講起行動電話來。佐織深深鞠躬行禮後回到座位上。宛如交出一疊厚厚的暑假作業般的小學生心情。

所謂的「背道而馳」是怎麼回事？

「啊，歡迎回來。」

「嗯，回來了。」

「怎麼了？突然說『想起來了』。」

喜歡說話的佐織對於剛剛發生的事情不可能不一吐為快。佐織像機關槍一樣嘩嘩嘩地講個不停，優斗聽完後瞭解了事情的來龍去脈。

「那支廣告我也知道。在15秒的廣告中，完全沒有播放歌曲，只有出現跳舞的影像。」

「像我所從事的廣告工作，就像是創意決定勝負。並非每年小心謹慎地從事相同的工作就可以。」

「的確如此。創意決定勝負這部分與數學類似。」

「實在很想瞭解加藤先生所說的創意的本質。優斗，是否一起來思考看看？」

「好啊，好像很有趣呢。」

優斗將打開著的數學專門書籍闔上。

「首先來討論加藤先生所說的『背道而馳』……」

「好的。」

「這是經常聽到的隻字片語，具體上到底是什麼東西，實在不容易理解啊。我覺得或許是像『你向左，我偏往右』之類的……」

「舉個例子吧，是不是像這樣呢？」

「咦？有什麼具體案例了嗎!?」

「是的。我在思考數學的問題時也常習慣於『背道而馳』。因此，我總覺得可理解這位叫做加藤先生所說的事情。」

優斗好像可想像出「背道而馳」的樣子。

「那麼，專家，拜託講些具體的案例！」

「我、我不是專家啦。」

「真是的，你太認真了啦……你如果不稍加附和一下，不會受到女孩子的歡迎喔。」

「這、這不需妳費心……」

佐織看著「有如圖畫上的認真學生」的側臉不由得苦笑了一下。

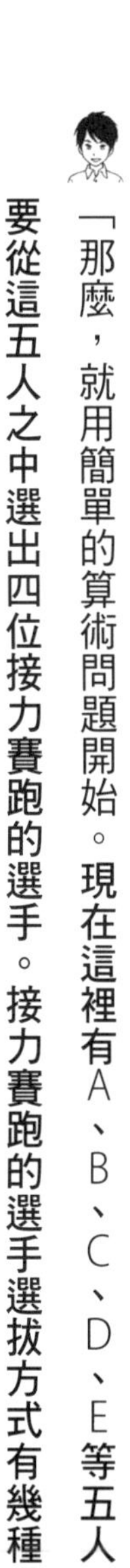

「那麼，就用簡單的算術問題開始。現在這裡有A、B、C、D、E等五人。**假設要從這五人之中選出四位接力賽跑的選手。接力賽跑的選手選拔方式有幾種呢？**賽跑的順序可忽視。」

佐織覺得很掃興。

比想像的還簡單，這是佐織的第一印象。

「這還不簡單。選出四人就可以了吧？例如，ABCD，或BCDE……」

「沒錯，那全部有幾種？」

「好麻煩喔～（苦笑）。這個嘛……其餘是ACDE、ABDE、ABCE。」

「答對了，全部五種。不過，現在佐織提出的解答方式只不過是傳統方法。其實只要改變一下思考方式，這問題只要一秒鐘就可解答出來了。」

「一秒!?又來了～如果不是設計這個問題的人，要一秒就全部算出，也太不合理吧～。」

佐織一邊說一邊迅速地想著：「要如何才能用一秒鐘就算出來呢？」。確實地，若只需計算一下答案就出來了，那就沒必要設計成問題。應該是運用什麼創意就可解決的問題。

「背道而馳」就是這麼回事

「要是我的話，為解答這道問題就會逆向思考。借用佐織小姐的話就是『你向左，我偏往右』。」

「究竟是怎麼一回事？」

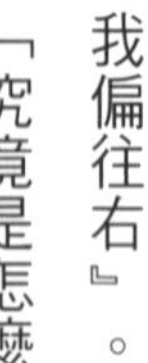

「這問題的『向左』，也就是說，左邊是被要求要選拔出接力賽的選手四人。因此，符合『往右邊』的行為，妳認為是什麼呢？」

優斗幾乎要說出「請佐織小姐作答」，想將對話的球拋給佐織。

「這相當於相反的事，也就是說，選出一位不適合接力賽的選手？」

「沒錯。選拔接力賽選手四人的行為，反過來的話也就是選出一位不適合接力賽的選手。」

從A、B、C、D、E的五人中選出四人的方法有幾種?

Q 有A、B、C、D、E等五人。從這五人之中選出四位接力賽選手。接力賽選手的選拔方式有幾種呢？

背道而馳

傳統方法	創意
成為接力賽選手的四人是？	不適合接力賽選手的一人是？
ABCD、BCDE、ACDE、ABDE、ABCE等五種	由五人中淘汰一人，很明顯就是五種方法
約需10秒	1秒就足夠了

「是啊！如此的話，用後者的方式來計算就簡單了。只要由五位選手中選出一位即可，結論當然就是五種方法。」

「對啊。也就是說，被要求向左，卻敢於向右。結果，並非剛剛所說的『傳統方法』，而是用『創意』就可求出正確答案。」

如上所述，相對於數學所要求的解答，敢於背道而馳才是解決問題的捷徑，這種例子不勝枚舉。

優斗想傳達的是，可形成一種產生出創意的思考方式。

「原來如此～。這就是所說的產生出

創意的一種思考方式嗎~」

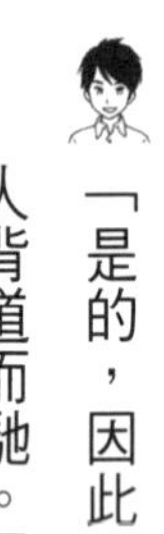

「是的，因此，我認為若想要產生出創意時，就要有點搞怪，所做的事就要與其他人背道而馳。因此，傳統方法不能說是創意。」

「就像是『**所謂的產生出創意就是背道而馳**』嗎？」

「這聽起來很像名言，不錯哦。」

優斗像少年般笑容可掬，將佐織的名言記在筆記本上。

「所謂好的創意究竟是什麼呢？」
「搞怪思考的結果。」

« THINK «

02

有可以鍛鍊創意構思力的祕訣嗎？

「懷疑常識」的遊戲

「對什麼是『背道而馳』覺得似乎瞭解了。可以進下一道題了嗎？」

「好啊。」

「剛剛加藤先生認為，創意產出的祕訣也能夠視為是『懷疑常識』的一種表現。」

「『懷疑常識』……嗎。」

「當然，在文字的意思上是瞭解的。不過，這……應該要怎麼說呢……感覺並沒有深入地瞭解。具體而言，這是怎麼一回事呢？而且也無法向其他人適當地說明……」

「的確如此……」

優斗立即開始思索起來。自己所理解的『懷疑常識』的本質，與如何傳達才能讓佐織也了解呢，同時思索著這兩個問題。

「我覺得他指的或許是鍛鍊思考能力的方式。」

「……？？」

「那麼，佐織小姐，我們現在開始玩『懷疑常識遊戲』如何？」

「……？什麼，那是？」

「脫離常識框架的訓練，不，請把它當做是遊戲。」

「若是遊戲的感覺，就來玩啊。」

優斗馬上使用筆記本，將第一題的內容拿給佐織看（次頁圖）。

「第一題。請思考一下用來量我畫的繩子長度大約多長的測量方式。」

「繩子的長度……必須在這樣的彎曲狀態下測量啊。」

「沒錯。如果是筆直的狀態，測量長度就很簡單。不過，這條繩子是彎彎曲曲的。」

「嗯……」

「佐織小姐，妳現在是否會不自覺地做判斷？」

第一題　如何測量彎彎曲曲的繩子大概的長度呢？

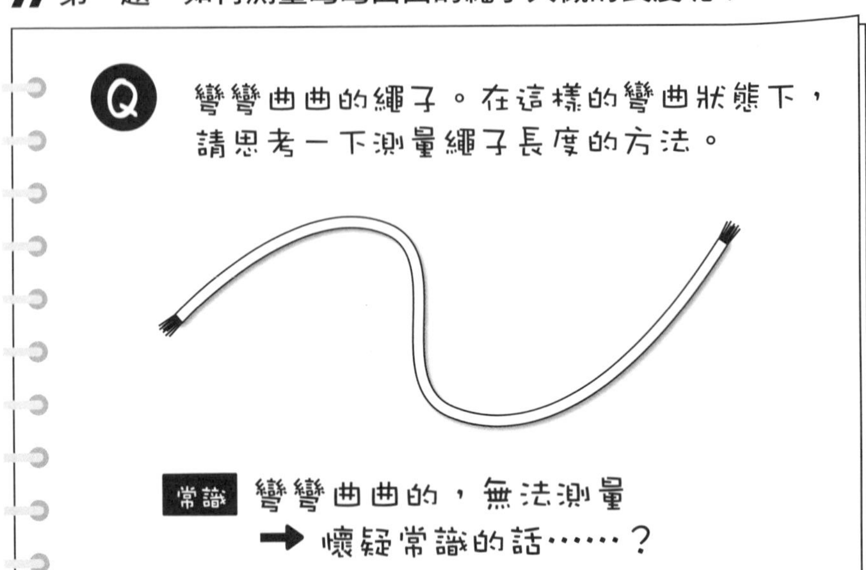

不自覺地做判斷，可以說那就是「常識」。所謂的懷疑常識就是破壞這種不自覺地判斷。

「不自覺地判斷？也對……那是彎曲的狀態。因此無法一下子就測出來。就像是這種想法嗎……」

「我的答案是這樣的。因為是彎彎曲曲的，無法測量。不過，如果反過來看，筆直的話就可以測量。而且一下子無法測量的問題也可反過來看，要是細分的話就可以測量。也就是說，將這條彎曲的繩子細分，把它當做是非常短，且筆直的繩子所連接起來的話，這條繩子的全長一下子就可以測出來了。」

利用「反過來看的話」產生新的構思

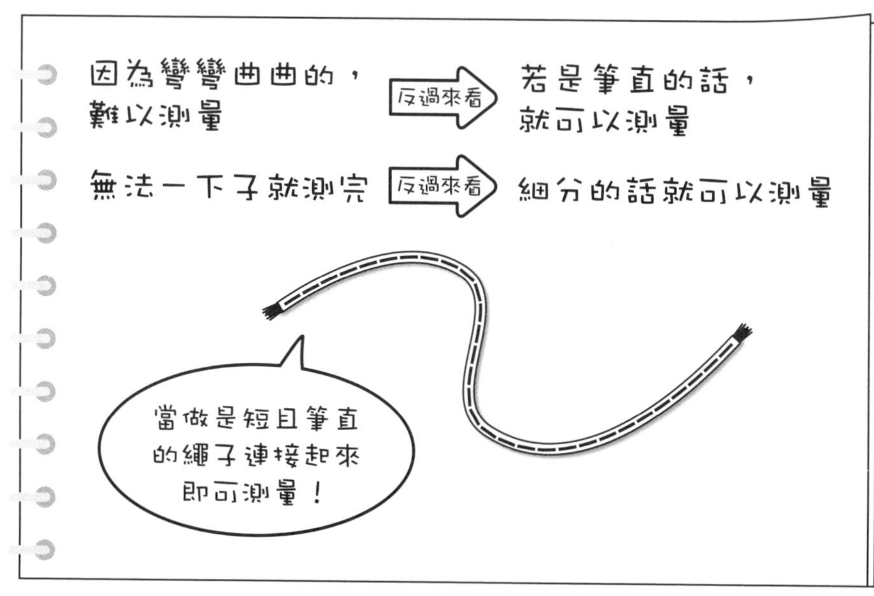

「哦，原來如此！」

「其實這一種構思方式也是形成數學微積分的要素。因為懷疑常識而進行新的構思的話，就會產生新的理論喔。」

「嗯~還是頭腦聰明的人厲害啊。」

「接著第二題，開始了喔。題目是天氣預報。」

繼續玩「懷疑常識」遊戲

優斗接著以「天氣預報」為題材的問題，以口頭告知佐織。

雖是簡單的問題（163頁圖），但若是不懷疑常識的話就會發生誤判的一道問題。

「……一般都會認為是A先生吧。」

「是啊。」

「不過，優斗設計這道問題，會有什麼陷阱吧。」

「嗯，如何呢……（苦笑）。請仔細思考後提出結論。」

「……不行。我所能想到的結論還是A先生。」

佐織向優斗求助。

「我覺得用常識思考的話，就是A先生。不過，要懷疑這答案。佐織小姐不自覺地判斷是什麼呢？」

「不自覺地……比如說，預報命中機率低會被認為是不適任的氣象預報員，是嗎？」

「沒錯！要懷疑這項常識。天氣預報命中機率低這回事，反過來看的話，就是沒命中的機率高。」

「啊，我知道了～！也就是說，要聽取C先生的預報才是聰明的，因為結論就是他所預報的相反天氣就是明天的天氣，而且命中機率達80％耶。」

第二題　聽誰的才是聰明人？

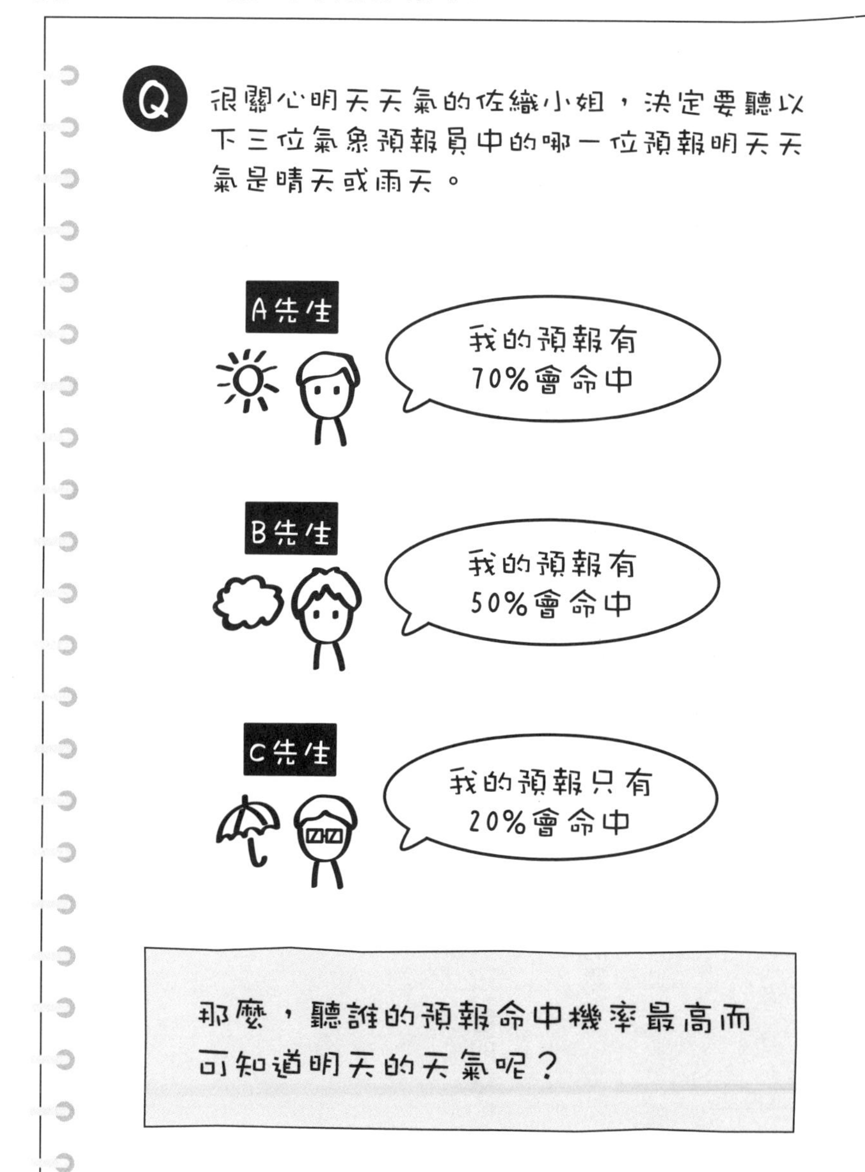

「漂亮！就如妳所說的。」

「原來如此～。確實，懷疑常識可提出不一樣的構思呢。」

「沒錯。雖然很困難。」

佐織邊對話邊注意到某些重點。提示就在於優斗的說詞中。

「優斗從剛剛就一直不斷在說『**反過來看的話**』。」

「確實如此。一旦注意到，就會經常提起這句話。」

「對於自己不自覺的判斷能勇於破壞才會有獨到之處。因此『反過來看的話』也才會成為突破口。是這樣吧。」

「我也這麼認為。那麼，佐織小姐，開始第三題吧。」

在筆記本上快速寫下的問題（167頁）是很不可思議的一道題目。

「有無我也可簡單地學習到的構思力？」

「要懷疑常識，必須使『反過來看的話』成為口頭禪。」

請教我更多鍛鍊構思力的祕訣！

奇妙的謎題「36＝10」

「什麼這個？『36＝10』，不奇怪嗎？？」

「沒錯。不過，佐織小姐會認為這個算式『奇怪』，只因這36與10是數字的常識所造成的。」

「你的意思是藉由懷疑這一常識，可產生出不一樣的構想嗎？」

「是的。我認為藉由懷疑常識，可戲劇性地改變一些觀點。」

佐織瞭解了這謎題的用意，不過，解決的線索毫無頭緒。

「36會等於10？嗯～不行。不管怎樣都會將這兩個想成一般數字。這樣下去永遠找不到『36＝10』的理由啊。」

「沒錯。希望佐織小姐捨棄現在所知道的常識。」

第三題　請使「等於（＝）」成立

除了數字與四則運算記號（＋－×÷）
以外，填入什麼都可以。
請正確地使之等於（＝）。

36 = 10

「……（啊！）知道了！是這回事嗎？」

佐織滿面笑容，自信滿滿地在「＝」上畫上斜線。

「36≠10（36不等於10）……原來如此。」

「哎!?正確答案？」

「佐織小姐，很抱歉，不對。我出的這道問題是：『請使『＝』成立』（笑）。」

「啊，是嗎。」

剛說完就一副沮喪表情的佐織。對於優斗而言這樣子的發展是在他的預料之中。

「不過，確實，現在佐織小姐的答案要來挑戰這一道謎題，就會出現非常多的答案。」

「呵呵，慘敗……（苦笑）。」

「雖然這是我的猜想，但佐織小姐是否先入為主的認為等號左側的36與右側的10是以相同的概念標示的數字？」

「咦？概念？怎麼一回事？？」

佐織一副茫然的表情看著優斗的臉。

「例如，若36是人數的話，妳似乎認為10也必須同樣表示人數。」

「啊，的確，或許我就這麼認為……」

「或許那也是佐織小姐會不自覺地判斷的事，也就是，應該要破壞這種判斷。36是人數，10則是金額的一種解釋。」

佐織再次感受到懷疑常識的困難度。不過，現在受到優斗的鼓勵，使佐織一向僵硬的頭腦完全地彈性化。

解開「36＝10」的謎題！

「覺得眼界有些打開了……若不要單純將36與10視為數字，試著去思考其背後的單位的話，就能解開「36＝10」的理由，是這樣的一道問題啊。」

「沒錯。終點就在眼前了。」

「單位呢……人、日圓、時間、公分、公升、百分比……」

「……」

「百分比？……噢？噢噢？」

佐織邊說邊在筆記本上面寫了什麼（次頁圖）。在下一瞬間，佐織滿面笑容看著優斗的臉。

「這個！如何？正確答案？」

「哇！佐織真厲害！」

「果然！圓圖的一圈角度為360度，而且100%。因此，36度的角度剛好是

佐織的答案

36(度)=10(%)

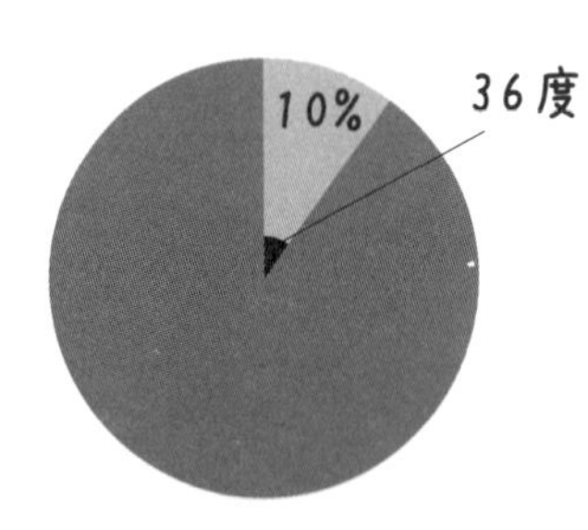

360 度 = 100%

36 度 = 10%

10%！喂喂，我厲害嗎？？」

「哎呀，這真是令人驚訝。真的很棒。」

這似乎是佐織迄今最高興的事。優斗看到這樣子，也像是自己的事情一般樂不可支。

「順便一提，佐織小姐，這道謎題也有這種正確答案。」

「哪種？」

「36（km／時）＝10（m／秒）。也就是說，轉換速度的單位。」

「速度的單位……」

「是的。只要在36與10的旁邊分別寫下這單位。」

優斗的答案

36（km/時）=10（m/秒）

36（km/時）=36,000（m/時）
=600（m/分）
=10（m/秒）

「嗯，對於像我這種超文組的人來說還滿新鮮的。我絕對想不出這種答案……（汗）」

「對於這種遊戲感到樂在其中還不錯喔。正確的答案也絕不只一個。不過，共通點或許是『捨棄先入為主』這一點。」

在產生出創意的題目上並沒有絕對的方法論。不過，做為一項研究，「懷疑常識」，也就是說，捨棄不自覺地先入為主思考的這種作法是有效的，優斗將這觀點傳給了佐織。

「太好了！覺得幹勁十足。還有無其他問題？」

「當然有。那麼，第四題。」

「鏘鏘♪」

「……？這是什麼，現在這個？」

「音效啊？」

優斗不禁笑出聲音。與率真且開朗的佐織對話，留意一下的話會發現優斗已經沉迷了。

「雖然知道要『懷疑常識』，但實際做起來又很困難耶。」

「比起『懷疑』，毅然決然地『捨棄』才是祕訣。」

« THINK «

04

「這很新穎別緻喔」很想產生出被如此形容的創意點子！

最後一道問題為「不需計算的面積問題」

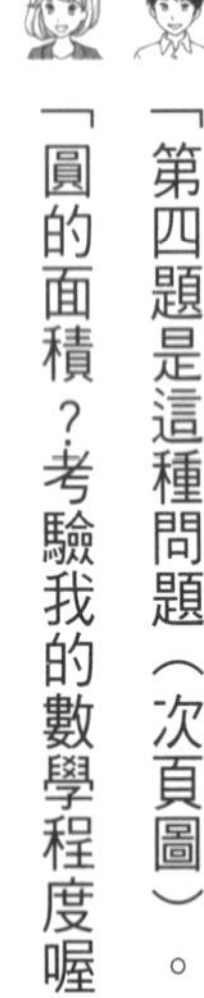

「第四題是這種問題（次頁圖）。」

「圓的面積？考驗我的數學程度喔。」

「啊，抱歉……」

「算了吧。不過，這道問題的圖形上並沒寫長度？」

「沒錯。不需要長度。只需要算出大正方形的面積是小正方形面積的幾倍就可以了。」

佐織立即思索起來。

「兩倍。」

「真厲害！一下子就算出來了！如何知道的呢？」

第四題　不需計算的面積問題

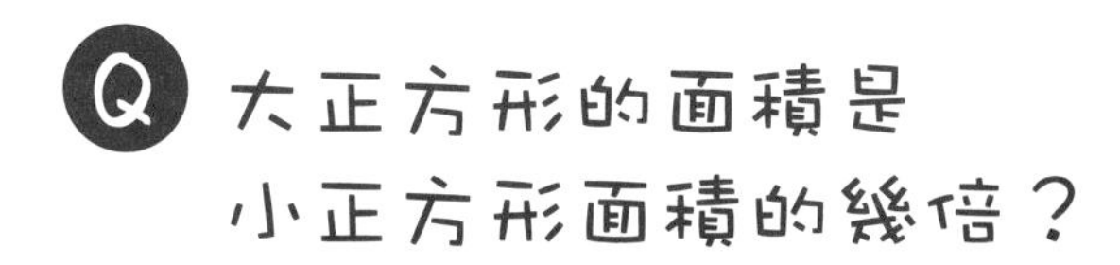

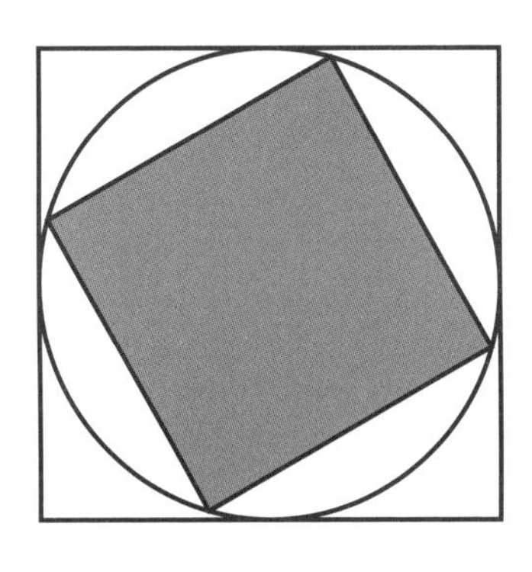

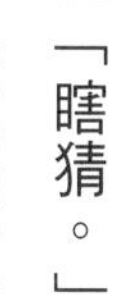

「瞎猜。」

「這樣不行喔（苦笑）。」

「是喔」佐織幾乎要脫口而出，她伸了伸舌頭。

「這個嘛，要懷疑常識呀。」

「對的，要拋棄既有的想法。」

「這個嘛，應該不需要特別按照這種狀態去思考吧。例如，可以稍微斜斜地看。」

「佐織小姐，很有水準了喔。」

佐織一邊將頭向左右傾斜，一邊看著這張圖。

「不過，佐織小姐有必要移動嗎……」

「咦？」

「不，不是移動佐織小姐的頭部，而是妳方便的話，是否可以試著移動一下這個圖形……」

「……？」

「妳是否認為，這圖形就固定在被畫上去時的狀態，絕對無法四處移動？」

「……正是這樣。」

「一旦丟掉這種深信不疑的觀念，似乎就會有什麼靈感出來了吧？」

在瞬間，佐織腦海中浮現創意。

「是這麼一回事啊！」

「就是這麼一回事。」

丟棄先入為主的觀念，眺望著圖形看看

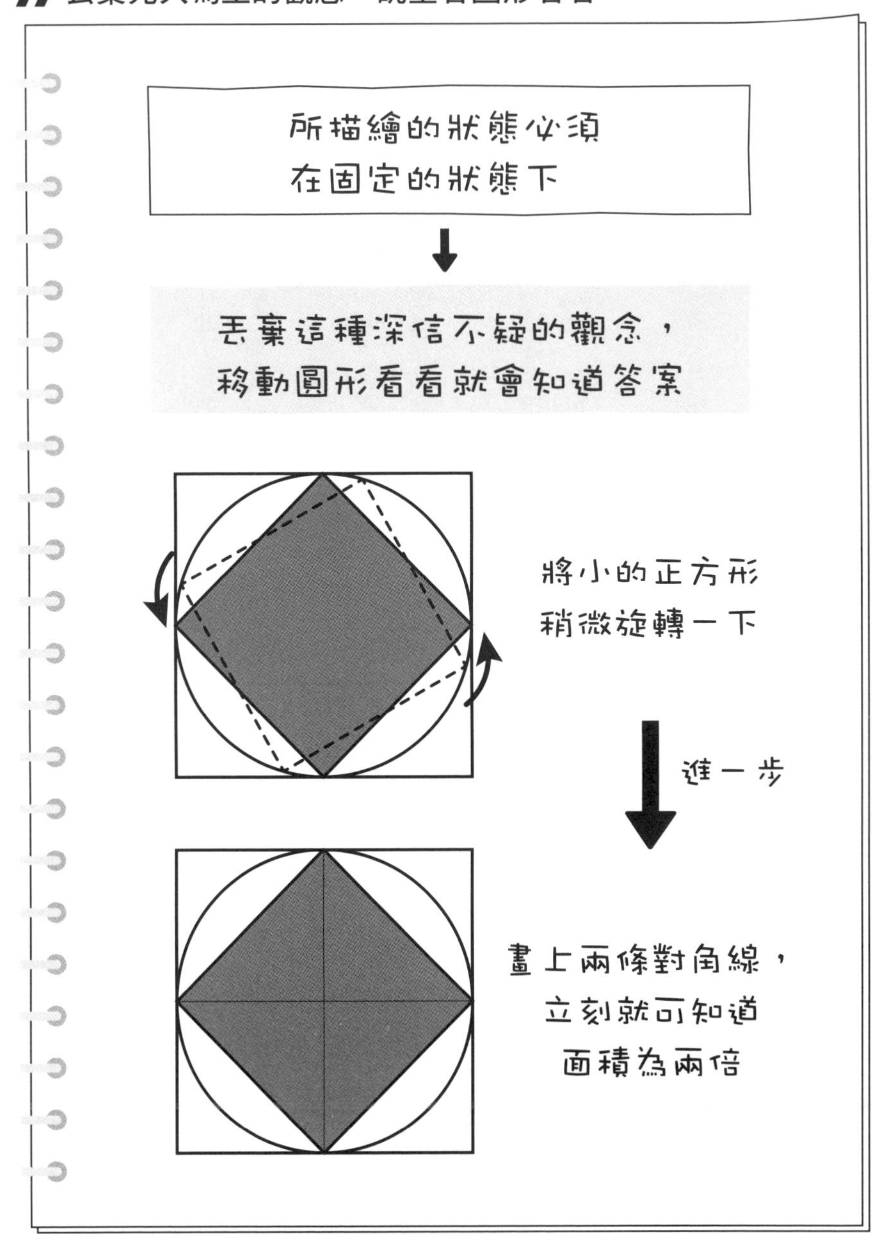

回憶起加藤廣明所說的話

佐織大概掌握到優斗的訊息了。

「要將裡面的小正方形稍轉一下看看。」

「是的。然後畫上兩條對角線，就一目瞭然了。小的正方形圖中有四個三角形，大的正方形則有八個三角形。」

「原來如此~因此，答案是兩倍。」

「沒錯。稍微換個想法就好。」

數學的本質是「鍛鍊邏輯思考的學問」，但有時也會成為產生出類似這種創新思維的訓練。總之，在鍛鍊「思考能力」上，這是最強的工具。

「這種問題對於像優斗這般擅長數學的人或許立即可想出答案，而對於我而言可說是非常嶄新的構思。」

「或許是這樣吧。不過，我覺得這種嶄新構思的根本，就是由『懷疑常識』所產生出來的。」

「是啊，這與優斗所出的謎題前後一致呀。」

列車剛好通過靜岡站。兩人之間短暫的沉默。

「聽說有一種筆跡會消失的原子筆，這種商品還爆紅呢。」

「咦？嗯。」

「那也是對原子筆的筆跡不會消失的這種『常識』產生了懷疑，所開發出來的商品。」

「確實如此……」

「這是另一個話題，現在我們學生之間有個人氣很旺的女性偶像團體。說明白一點就是……姿色普通的女孩。不過，經常會辦握手會，或是可以和她們見面、對話等。」

「因此，會感覺到極為親近的感覺，而想去聲援捧場嗎？」

「沒錯。一直到不久前，偶像的定義都是絕世美女，要和她們見面說話，根本是不可能的事。」

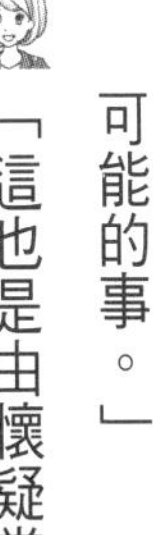

「這也是由懷疑常識所衍生出來的構想吧。」

在商業的世界，暢銷的商品都會有新鮮感。這種新鮮感中必須具備某種的「嶄新性」。

「這樣說來，聽說英國一項嶄新的創意已使得隨意丟棄菸蒂的情形急遽減少。」

「咦？」

優斗還沒掌握到佐織這句話的真正含意。

「香菸的菸蒂是要『丟棄的東西』，這是常識吧？不過，因為是『丟棄的東西』才會發生隨意丟棄的情形。因此，懷疑這常識，於是將菸灰缸當做投票箱，並且用菸蒂取代選票。」

「投票……例如，怎麼做呢？」

「例如，每週決定一個像『A與B哪位是國內最好的足球選手？』之類的投票題目。這種兼充菸蒂箱的投票箱在街頭四處可見。」

「原來如此！癮君子可以將菸蒂投入自己所支持的對象的菸灰缸，是這種意思嗎？」

暢銷的商品是由「丟棄常識」所產生

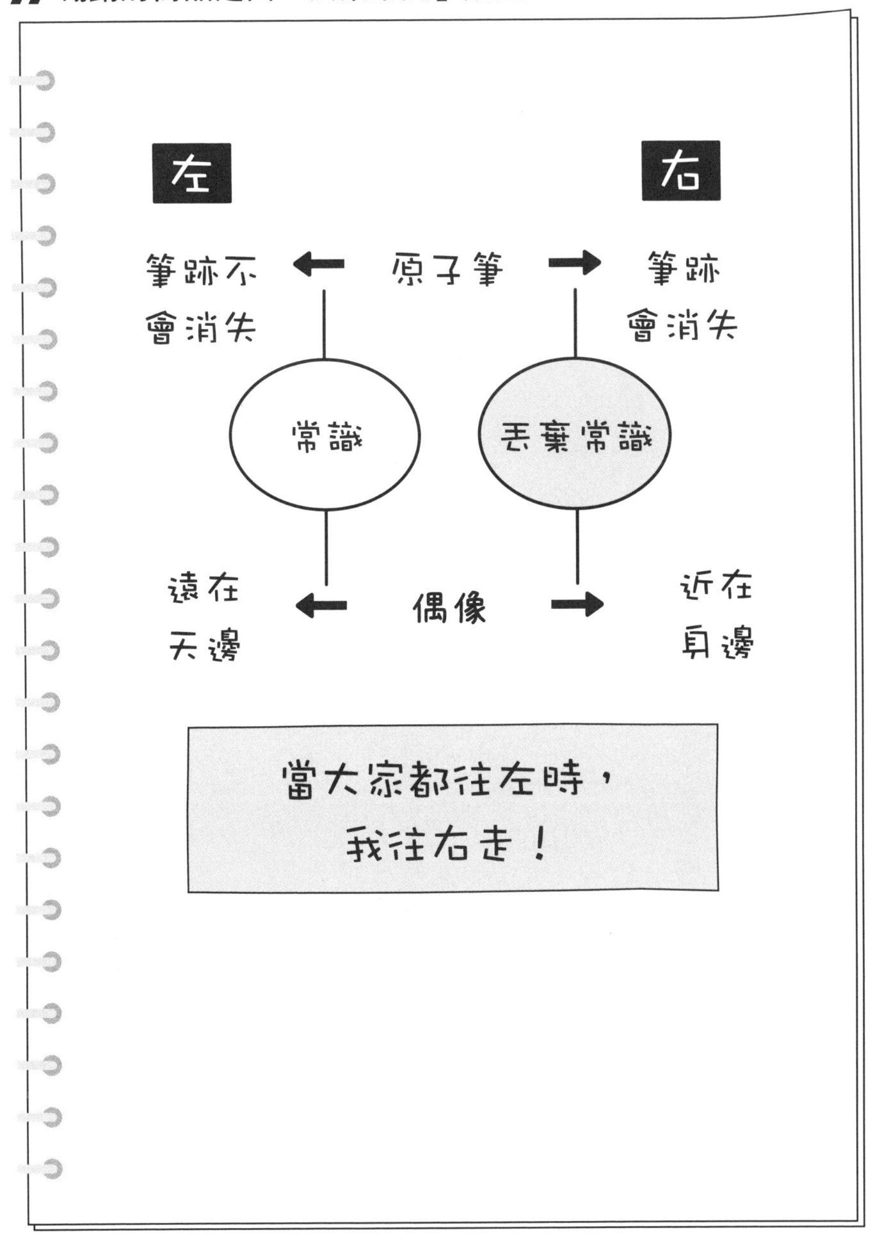

「對。而且這投票箱設有透明的玻璃窗，可知道哪邊的投票較多。具有遊戲性，很有趣，而且最重要的是街道乾淨了。」

「真是嶄新的構想。只是將菸蒂搭配『選票』就可賦予另一種意義。確實就是從『懷疑常識』開始的。」

佐織默默頷首。

「對啊。像我所從事的廣告工作更是如此。因為有趣才會有價值，因為嶄新才會值錢等之類的。」

「……」

「因此，像加藤這類的人就很吃香呢。」

「社會人士總是很辛苦啊……」

「是啊～處於一個物質這麼豐富及資訊發達的時代，不論哪個業界都在追求嶄新的創意。」

佐織總結了兩人迄今的談話，視線離開優斗，凝視著空中。

所謂嶄新的創意到底是什麼啊，佐織總覺得有看見了的實際感覺。而這種想像也和加藤廣明創作出不播放歌曲的新歌發售廣告產生連結。

「我覺得現在終於領會到加藤先生所說的。」

「……？」

「嶄新的創意豈不是來自背道而馳？可比喻成當大家都想要往左時，要勇於往右走的一種行為。」

「沒錯。」

「不過，知易行難。要實際去做這種困難的工作，就要懷疑常識，不，必須要有膽識將常識丟棄，這是一定要的啦。」

「現在歸納整理後就非常簡單明瞭了。我完全贊同妳的意見。」

佐織並未隱藏喜悅之情，笑著說「謝謝」。

離抵達東京還有一小時？

「佐織小姐，剩不到一個小時就要抵達東京了。」

「真的。時間過得好快喔……對了！現在開始要不要來玩『嶄新遊戲』？」

「什麼啊那是？」

「簡單。只要互相說出所想到的嶄新點子。因我工作上必須提出創意點子的機會相當多，這是很好的練習耶。」

佐織提出這個似乎可做為頭腦體操的建議，優斗決定配合。兩人大概都想要愉快地度過到達東京之前的剩餘時間。

「那麼優斗先！」

「我，我先嗎？這個嘛……『沒有算式的數學課』。」

「嶄新。不過，對不起。這非常像優斗的風格，但對於我而言卻完全無趣，退回！（笑）說些有點搞笑的東西嘛！」

「嗯……搞笑的東西是嗎？」

「例如，『老人體味噴劑』如何？」

「哇！確實嶄新（笑），不過，這誰會用呢？」

「為防止外遇，世界各國的太太們可用來事先噴灑在先生的襯衫及手帕上啊（笑）。老人體味這類的體臭，雖然99％的人都會覺得討厭，但或許會有1％的人覺得是便利的東西啊。」

「原來如此～！或許會意外的暢銷。那麼，我……」

兩人正談得起勁，但他們注意到列車突然開始減速。「希望號」列車從未在這地方減速過。經常出差乘坐新幹線的佐織覺得不對勁。

「……奇怪，怎會在這地方減速。」

「發生什麼事了嗎？」

周圍的乘客也開始注意到列車明顯地減速下來。

然後列車完全停下來了。由於在山間地方，窗外一片漆黑。下一瞬間，男列車長的聲音在車廂內廣播起來。

「向各位旅客報告，剛剛收到消息，前面的區間因為強風造成異物勾住架設的電線。為了確認安全，列車將暫時停駛。在您正急著趕路的時候，造成不便深感抱歉。」

優斗立刻注意到了，這聲音是列車長，也是佐織前男友上田所廣播的。

「上田先生……是吧。」

對於優斗的話，佐織用安靜的笑容回說「是啊」。

「簡單來說『嶄新的構思』
是怎麼一回事？」

「100人中，
有99人不這麼想的思考方式。」

超乎常識之外地思考也非常重要

數學是鍛鍊「思考」方面很珍貴的訓練工具，但其實「邏輯性思考」並非全部。

相較於用線連結，有時也要像斷了線的風箏不知飛往何處般，需要能夠超出常識之外的思考方式。

在某種意義上，與「邏輯性思考」呈對立狀態。

「1 + 1 = 2」是常識，而懷疑這個常識的話會發生什麼呢？例如，「1 + 1 = 10」這般的數字世界，又會是什麼樣的世界？

或許有人已經知道答案，其實這是稱為「2 進位法」的數字世界。

數學人就是這麼思考的（苦笑）。

不過，這是數學人的優點。

請你不妨也來模仿一下。

第 5 章

利用這個就可解決問題！
數學人狡猾的思考方式

《 THINK 《

01 所謂的聰明與非聰明的人有何不同？

02 我也想成為能「狡猾聰明」地思考的人！

03 想獨力解決問題！

04 「思考」果然會變成武器！

所謂的聰明與非聰明的人有何不同？

以另一種表達方式形容「聰明人」

「安全確認……只要不發生重大事件就好。」

「……對啊。到底是什麼啊，真是的。這樣耽擱下去，真令人討厭。」

同樣的對話在周邊也可聽見。隔著通道，坐在另一邊的企業界人士開始操作智慧型手機，大概是想要確認新聞快報吧。

「話說回來，優斗，像你這樣子優秀的學生，在你的身邊當然也應該會有很多優秀的人吧。」

「咦？沒錯……不論是授課的教授或研究室的同學都很優秀。要怎麼講呢……就身為人來說，他們給人一種『聰明』的感覺。」

「『聰明』是嗎？……像你們這種聰明人，用一句話來說的話，都是會做什麼事情

的人呢？」

「用一句話來說……是嗎？」

優斗從新大阪開始一路和佐織對話，有時也從中獲得啟發。像佐織這般坦率直白的問題，其實對於他自己而言也是一種「思考」的訓練。

「嗯～……」

「噢？難得會陷入深思啊～」

「用一句話來說的話，所謂的聰明人……應該是『**會思考狡猾事情的人**』吧。」

「狡猾事情？是怎麼回事，完全難以理解。」

「說得也是。這個嘛～是這樣的……」

優斗大概是正在腦海之中搜尋，要如何讓佐織能夠理解的比喻吧。佐織目不轉睛地等待著。

「狡猾」，究竟指的是什麼？

「例如，完全是舉例喔。」

「什麼？」

「假如佐織小姐是這新幹線車內販賣員的話。」

佐織回想起稍早之前提供熱咖啡的車內販賣員，一位叫奧田的女職員。

「現在碰到新幹線有麻煩時，佐織小姐的話心情會覺得如何呢？」

「什麼心情嗎？是啊……不管原因如何，因為對乘客造成困擾，身為職員當然要有感到抱歉的心情。」

「其他還有呢？」

「嗯～還是希望電車早點開動。講真心話，希望快點到達東京，早點回到家（笑）。」

「原來如此……」

優斗到底想說什麼呢？佐織還搞不清楚。

「嗯～不知道啊。那麼要是優斗的話，究竟是什麼心情呢？」

「若是我的話，我會認為這是一個『機會』。」

「咦!?」

「造成乘客的不便，懷著抱歉的心情當然是最重要的。不過，同時在內心的深處會認為這是一個『機會』。因為這是在車廂內販賣，乘客在車內待的時間愈長理應愈好。因為販賣的時間變長了。」

「……」

「對不起，要怎麼說呢，或許是有點卑鄙的想法。」

佐織吃了一驚。比起從事商務的自己，優斗所回答的竟然更像是生意人。

「確實卑鄙（笑）。不過，我認為這種思考方法在商業世界是100%不可能被否定的。當然有人會全力去解除電車故障，另一方面，從賺錢的觀點來看的話，到達東京車站之前哪怕只剩一點點時間，也希望能多賣些。」

「對，這種想法總覺得很狡猾，不過，我認為『真聰明啊』。」

「的確如此～」

佐織領會到優斗所說的「聰明人會狡猾地思考」。這世界可沒那麼簡單，不是凡事都用正面攻擊的方法就行得通。在不犯規的範圍內，狡猾而聰明地思考，對於從事商業的人來說是非常重要的。

「車廂內販賣」再度出現

於是，就這麼剛好，那一位名叫奧田的車內販賣員此時再度進入11號車廂。

「真是湊巧……（笑）。」

「是啊（笑）。」

天不怕地不怕（？）的佐織立即出聲喊奧田。

「請問電車還沒有要開嗎？」

「造成您的不便非常抱歉。現正在進行安全確認中……」

「在這時候焦慮不安的旅客一定不少，真是辛苦了。……啊，不過，相對地酒類會賣得更好吧？」

對於這出乎意料之外的言語，奧田的表情轉為柔和。

「不，並沒賣得比較好。而且，比較辛苦的是乘客。碰到這種事情，要如何讓旅客放鬆心情才是我們份內的工作（微笑）。」

「……（不愧是銷售員啊。……這個嘛，說得也是啦。『實際上是電車停下來會賺多一點錢才是！』即使是這樣想也不能說出來啊）。」

很佩服這種制式「職業性回答」的佐織，看著奧田離去的背影，對於抱持消遣的心情而提出奇妙問題的自己，稍微反省了一下。

「（好吧，振作一下精神……）優斗，話題再回到『狡猾』吧。」

「啊，好的，繼續這話題。」

「聰明的人＝能思考狡猾事情的人。這可以理解。因此，我也想成為一個可思考有關狡猾事情的人。」

「從狡猾這一句話讓我聯想到『盲點』這名詞。**應該是大家都會想到的事，但卻是誰都沒有想到**，類似這種語意。」

「嗯，有點了解。」

所謂的「盲點」就如字面上的意義，指的是任誰都會看漏的重點。所謂任誰都會看漏，有時也會有幾乎全部的人都看不見的情形發生。

究竟要如何才能突破「盲點」呢？

「於是呢，結果不就是如剛剛我們說到的『反過來看的話』，或『懷疑常識』等思考方式嗎？」

「……也就是說，所謂的聰明人就是能思考狡猾事情的人。所謂能思考狡猾事情的人，就是會使用我們迄今所談的各種思考方式的人，像是『反過來看的話』，或『懷疑常識』等等。也就是說，所謂的聰明人，就是懂得使用我們在這兩個小時之間所談論的思考方式的人。」

「沒錯，就是這樣。佐織小姐現在所講的已經形成了漂亮的三段論法。」

佐織對於優斗的讚美之詞喜形於色。

優斗在筆記本上不知又開始在寫些什麼。優斗想透過某些問題將「狡猾」的要素傳給佐織的樣子。

「……現在該下一題了嗎？好期待喔。」

「沒錯。或許這是最後一題了。」

「所謂的『聰明人』
是一種會做什麼事的人？」
「會突破『盲點』的高明人。」

« THINK «

02

我也想成為能「狡猾聰明」地思考的人！

向難題「祕書問題」挑戰！

「讓妳久等了。」

「下一題是什麼？」

「這道問題在數學世界非常有名，稱為『祕書問題』。」

優斗所說的「祕書問題」就是最適化問題之一，為數學領域所研究的題目，以採用面試的最適方法論的事例加以說明的一種概念。

「哦，那是什麼問題呢？」

「非常有趣喲。使用『反過來看的話』，或者『懷疑常識』，就可以想到一些狡猾的事情。其結果就可以體驗到聰明人解決問題的方法。是個與這話題很貼切的題目。」

「噢～，不錯哦。挺有意思的嘛。這似乎是用優斗一開始到現在所教的思考方式進行綜合練習的一種感覺，不是嗎？」

「就像妳所說的。不過，與之前的問題相較或許有點困難……」

優斗立即向佐織說明這道難題（次頁圖）。

「這個嘛……簡言之，就是面試時必須逐一分別進行。」

「沒錯。而且對一位應徵者進行面試後就必須當場決定是否錄用。」

「嗯……這問題的本質不容易理解……」

「我也這麼認為。我再稍稍向妳說明一下。董事長理當想在三人中錄取能力最高的一人。」

佐織默默地邊頷首邊聽著。

「不過，日理萬機的這家公司董事長，想要盡可能減少面試的次數。說穿了，就是想在這三人中，立即就錄取第一位前來面試的人。」

祕書問題

聘任董事長祕書一名

應徵者為A君、B君及C君等三人。

不過，須遵守幾項條件。

- 想錄用能力最高者一名。
- 不過，實施面試的次數能少就盡量少。
- 面試必須各別進行。
  （不可三人一起面談）
- 是否錄用的判斷必須於每次面試時當場決定（不可保留）

在這些條件下，

如何在三名中錄用能力最高者，

請思考機率最高的方法論。

「啊～是這樣子喔。想要盡量以最少的面試次數錄用最高能力的人。」

「沒錯。要去思考應該用哪一種規則來進行面談，才能夠以最高機率達成這個目的。」

「原來如此～。問題的意思瞭解了。這對我來說不會太難了嗎？」

「沒問題的。跟之前一樣，我會幫妳。」

「那麼，可以拜託一件事嗎？」

佐織一臉認真地對優斗說。

「我認為這個問題也有它的核心部分。一旦接近核心部分，請盡量多給我一點時間。」

「妳的意思是……？」

「這一道問題，我想要靠自己的力量好好地解決。」

「……」

這時，列車長上田的車內廣播聲音開始在車內響起。由於已確認安全，列車很快就會重新開始行駛。

「因為，可以向你請教的時間已經有限了（微笑）。」

佐織這樣說著，視線回到書寫問題的筆記本上。

挑戰「祕書問題」

列車開始緩緩開動，並慢慢加速。

對於佐織而言，她終於開始向最大的難題（？）挑戰。

「總之，要使用你這一路走來所教的思考方式啊。」

「是的。首先，將能力最高的人設為A君，能力次高的人設為B君……」

「能力最差的人是C君。」

「是的。但這三人的能力當然必須經過實際面談才知道。」

「就是這樣啊……假如最先面試的是C君的話，因為對這人不是很滿意，就會煩惱是否要立即錄用。」

「不過，就算不錄用的話，當下也無法知道下一個面試的人，能力是否會比C君高。」

「對！這就是問題所在～」

優斗決定慢慢引導佐織接近問題核心。

「佐織小姐，本來這問題的三人面試順序全部有幾種呢？」

「順序？計算一下輪流順序的不同就知道……『3×2×1＝6種』嗎。」

「答對了。現在將這六種全部用表格書寫出來。」

「嗯，到這裡還OK呀。」

「佐織小姐，若想要輕鬆地解決的話，面試可在第幾次結束呢？」

「咦？在說什麼啊。當然是一次啊。」

「意思就是說，在採用最輕鬆的方法時，可以錄用到能力最高的A君之案例有幾種呢？」

「也就是說，無條件錄取第一次面試的人。」

面談的順序全部共有六種

	第一位面談	第二位面談	第三位面談
①	A	B	C
②	A	C	B
③	B	A	C
④	B	C	A
⑤	C	A	B
⑥	C	B	A

佐織凝視一下筆記本，在優斗所寫的表格右側寫下問題的答案（207頁圖）。

「六種答案中的①與②，也就是兩種。」

「意思就是，採用這種方法時，可採用A君的機率有多少呢？」

「因為是六種中的兩種……所以機率是三分之一？」

「正確。」

不過，有些地方佐織並沒領會到，於是她向優斗提出疑問。

「不過，若這樣面試的話，因為每次都必須做判斷，即使錄用第二人或第三人，機率不也同樣是三分之一？」

「佐織小姐，很厲害喔，就是這樣。」

「意思就是說……等等，我整理一下。因為實在很麻煩，使用表格看看。」

佐織一面在筆記本上畫了一個粗略的表格（211頁圖），一面在自己的頭腦中整理著。

「……意思就是說，**反過來看的話**，假若有個『比三分之一還高的機率錄用A君』的方法論，那就會是正確答案？」

「沒錯，就是這樣。」

「……意思就是說，單純的『錄取第○人』的這種方法，是以不用討論就進行決定，也就是說是使用**消去法**嗎。」

似乎在等待佐織說完，優斗決定對佐織進行最後一次引導。此後就依佐織的希望完全不給予協助。

若在無條件下，立即錄用第一位的話……

	第一位	第二位	第三位
①	A	B	C
②	A	C	B
③	B	A	C
④	B	C	A
⑤	C	A	B
⑥	C	B	A

在無條件下，錄取第一位的話 →

被錄取的人
A
A
B
B
C
C

可錄取A的機率是 $\frac{1}{3}$！

「佐織小姐，到現在都很順利，接下來以『**懷疑常識**』為關鍵字，此後就請佐織小姐自己加油囉。」

聽到這句話，佐織知道自己已漸入獨立解決問題的佳境。

對於佐織而言，這道「祕書問題」對自己是否有助益一事，早已無關緊要了。總之，她只想要鍛鍊自己的思考能力，想要憑著自己的力量解答問題。正因為這種心情，讓佐織本身以未曾有過的「全憑自己深思熟慮」，認真地思考問題。

「這道問題我想要獨力解決！」

「使用一路所談的『思考方法』就可解決喔！」

« THINK «

03

想獨力解決問題！

來吧，一起解決祕書問題！

「……（不過……我在這個表〔次頁圖〕中列了一欄『其他』，實際上真的會有嗎？可是應徵者不是有三位嗎？除了以第幾號來決定外沒有其他方法了吧）。」

「那麼，若需要我幫忙的話……」

「……（首先來假想一下面試官董事長的想法……可以的話，想面試第1位就決定人選。不過，無從得知那面試第一位是否就是能力最高的人）。」

「……」

「……（那要如何做呢？有什麼可形成突破口的思考方式……或許那就是『懷疑常識』？）」

「……不好意思，妳一直沒回答呢。」

「……（**懷疑常識**……面試官面對第一位應徵者，他需具備的常識是什麼呢……必須當場決定錄用與否……接下來是，可能的話，想第一位就決定了……是這樣吧）」

佐織所整理的表

	錄取第一位	錄取第二位	錄取第三位	其他
可錄取A君的機率	$\frac{1}{3}$	$\frac{1}{3}$	$\frac{1}{3}$	?
	↓	↓	↓	↓
消去法	×	×	×	○

「……」

「……（應徵者的常識是什麼呢……想要被錄取呀）」

「……（真的很認真啊）」

「……（但要是，在這時**敢於背道而馳**又會是怎麼一回事呢？）」

「……？」

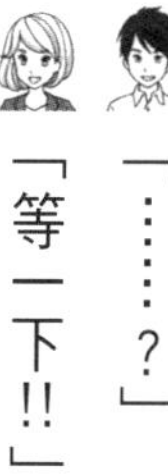
「等一下!!」

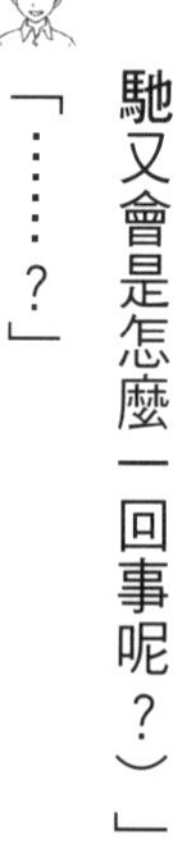
在這一瞬間，佐織頭腦中的迷霧頓時有種撥雲見日般的感覺。隔座的優斗雖然凝視著佐織，但是完全沒有發覺這個狀況；佐織則是目不轉睛地盯著畫在筆記本上的表格。

「是這麼一回事喔！我知道了！」

「啊，佐織小姐⋯聲音稍微⋯⋯」

「咦？啊，對不起。太入迷了⋯⋯（苦笑）。優斗，這問題追根究柢就是這樣子呢！」

佐織邊看著筆記本邊向優斗說明。

「假如第一位面試的結果有錄取與不錄取兩種，而且我們認為應徵者一方當然想要被錄取，若否定這種常識，思考一下背道而馳的話會如何呢。」

「嗯。」

「也就是說，狡猾的董事長會如何想呢？」

「怎麼想？」

「第一人原本就沒有在錄用的選項內。也就是說，第一位面試的人不管是A、B或C君，都不予錄取！」

優斗在這時已經確信佐織可解決這問題。

佐織所導出的方法

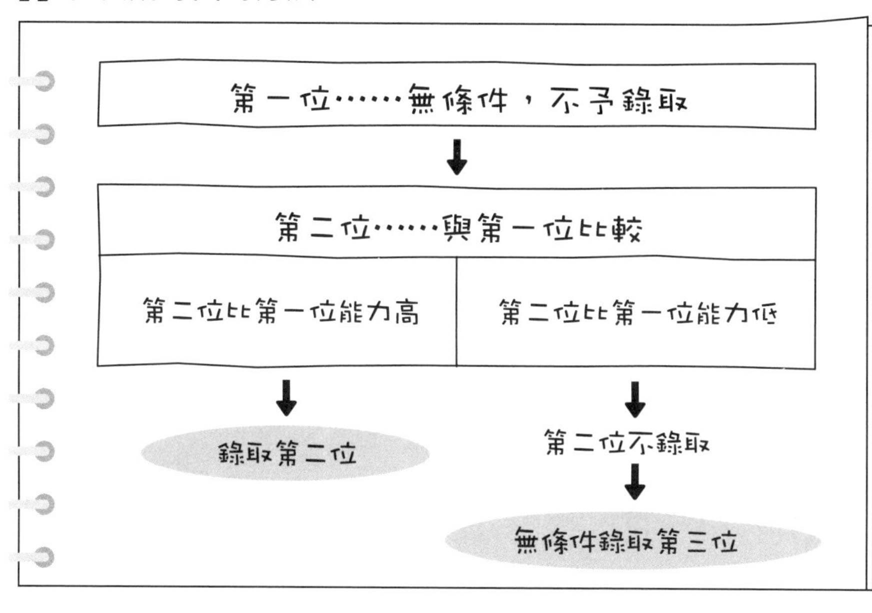

「那麼接著面試的第二位才是重點。假如第二位的能力比第一位高的話，就決定錄取這位無妨！因為已經很清楚第二位的能力至少比第一位高，也有可能是三人之中能力最高的一位。」

「……」

「反之，假如第二位的能力比第一位低的話，則第二位也不予錄取。這時，在已無計可施的情形下，最後只能面試第三位，而必然的會錄取這第三位。」

「原來如此。順便問一下，採用這種方法的話，真正會錄取A君的機率會比三分之一還高嗎？」

佐織一副好像要說「就是在等你這句話」的樣子，對於這問題這樣回答。

「若使用這方法的話，在這六種當中的③④⑤三種可錄取A君。也就是說機率為二分之一！」

「好厲害！漂亮地解決了。」

「真的嗎？答案正確嗎!?太棒了。」

「佐織小姐，聲音請小聲點……」

優斗邊苦笑著邊向周圍的乘客低頭致歉。

「哎呀，佐織小姐真的很厲害啦，很高明地解決了。」

「是嗎？我也只是稍微認真點而已……開玩笑的啦。不過，我確實也只是使用我們兩人一路上聊到的思考方式的祕訣，就可解決這個問題。」

優斗為了讓佐織本身可透過這道祕書問題整理出心得，決定進一步對話。

錄用 A 君的機率？

使用佐織的方法，
錄用最優秀的A君機率

提高至50%！

用佐織的方法
論錄取的話

	第一位	第二位	第三位		錄取的是
①	A	B	C	→	C
②	A	C	B	→	B
③	B	A	C	→	A
④	B	C	A	→	A
⑤	C	A	B	→	A
⑥	C	B	A	→	B

可錄取能力最高的A君之情況

有③ ④ ⑤三種

$$\frac{3}{6} = \frac{1}{2} = 50\%!$$

「順便問一下，解決這項問題的重點，妳認為是狡猾，那麼狡猾的重點在哪裡？」

「第一位在無條件下概不予錄取。這要說是狡猾嗎，應該是有點卑鄙～應徵者不是認為會被錄取才會來接受面試的嗎？」

「沒錯，不過，由面試官這一方看來，佐織所思考的方法論是正確的。當然，對於第一位面試的人是不會明講的。」

「狡猾。不過，是聰明的……會想到這種解決方式的人是聰明人呢。」

然後，周圍的乘客開始移動起來。大概列車不久就要抵達新橫濱站了。

「在到達東京前可解答出來真幸運。」

「列車遲到，就結果而言卻是件好事也說不定。」

「這不是有些狡猾嗎？」
「為了突破盲點，
狡猾只是剛剛好而已。」

「思考」果然會變成武器！

做生意也是「狡猾但聰明者」獲勝

「……確實，聰明人都是會這樣做的人呢。」

「咦？」

佐織邊看著新橫濱站的月台，邊吞吞吐吐地說著。

「接續剛剛的話題。會做生意的人確實要思考狡猾的事，並且付諸實行啊。」

「沒錯！令人感到十分有趣。可舉例看看有那些事嗎？」

「例如，推銷報紙的訂閱。若僅訂閱網路版每月為2000日圓，網路版搭配紙版一套則4000日圓的話，據說大部分的人都會選擇前者。」

「不過，由販賣報紙的立場來看的話，當然最希望銷售的是4000日圓這套吧？」

「對。因此，才推出了這方案。」

佐織笑著繼續說道。

「僅訂閱網路版2000日圓，或僅訂閱紙版4000日圓，但網路版搭配紙版一套4000日圓。」

「原來如此！如果是這樣的話，會讓人感覺網路版搭配紙版一套4000日圓最划算！」

「沒錯。大膽地推出絕對不會被選上的選項。」

「如此說來，在行動經濟學的書上有記載類似的策略……這也是經常使用在餐飲店菜單上的思考方式。為使特定的商品容易被客人點餐，所以就大膽地預先推出高單價的菜單……」

佐織點頭頷首，等待優斗繼續說下去。

「是這麼一回事啊。這也就是說，顛覆了所謂的選項是『只有最好的才會被選上』這常識，是**懷疑常識**的結果呢。」

「沒錯。這也是一個創意點子。有點狡猾但聰明。」

列車開出，緩緩地滑離新橫濱站。車內乘客減至剩60%的乘載率。

接著，這次換優斗舉「狡猾但聰明」的例子。

「話說，我妹妹現在關西的一間大學搭車通學。」

「是喔。」

「這所大學最近採用僅能透過網路提出申請。」

「……只能透過網路很少見啊。也就是說，不能用書面申請嗎？」

優斗點點頭繼續說道。

「遞交申請書一直以來都是使用書面紙類，這是常識，而改為透過網路提出申請則**是從正面否定了這項常識**。結果，據說這所大學現在成為日本申請志願入學人數的

第一名。」

「嘿～太棒了。現在的高中生都是數位世代了，這樣的做法應該會獲得他們的好評吧。」

「沒錯。比起書面來更容易報考。而且大學方面也提出『考慮環保』而更能打動人心。要怎麼說呢，這是有點狡猾但聰明的案例。」

「的確是如此～。確實如優斗所說的。所謂的聰明人就是有些狡猾的人。不過，這種狡猾性，如果能夠高明地運用你今天教我的這些要素的話，就可以製造出來喔。」

佐織邊眺望著隔著通道另一邊車窗中流逝而過的小夜景，邊回憶著一路下來與優斗的對話內容。

「思考」就是生意的武器

「總覺得今天與優斗的一席話，勝過公司為新進人員所舉辦的研修課程。」

「咦？是這樣嗎？」

「嗯。我認為所教的要素一定都相同。不過，從像你這樣實際使用這種思考方式人的口中聽聞這些事，不需很用功地讀教科書也會懂。」

「那就太好了。確實我本身非常喜好思考，而且或許就自然地這樣思考。這是拜學習數學之賜。」

「如果想要學習什麼，或許去聽一下該領域專家所講的還比較快！」

優斗聽到後連忙搖頭，意思大概是「說我是專家，我承受不起」吧。

「今天你教我的『反例』及『反證法』，明天的會議就可派上用場。啊，不過，為了要好好討論，非在腦海中好好整理不行。」

「如此說來，佐織小姐也要跟優柔寡斷說再見了。」

「是啊。我一直都是個典型『下不了決定的人』，不過，今後將會果斷地判斷，工作也會加快腳步喔（大概）。」

「其他呢……」

「了解。從明天開始『捨棄常識』向前行！」

優斗險些說出「佐織小姐真棒」，佐織當然沒注意到優斗欲言又止。

「老實說，我以前一直認為思考是件很麻煩的事……」

「……？」

「我本來一直認為我沒有辦法在自己的工作上運用思考的……」

「……」

「我覺得或許我也能夠好好地思考了啊。」

「妳做得到啊！或許應該說，妳已經做到了不是嗎？剛剛還解決了祕書問題了啊。」

優斗前進的道路是？

列車抵達品川站。佐織從車窗眺望月台，發現一邊講行動電話一邊走路的加藤廣明的身影。

佐織回憶起不久前和所仰慕的這位人物短暫交談的對話內容。

「東京快到了。」

「總覺得這兩個半小時非常快樂，啊，是三小時。」

「我也覺得很快樂。」

「列車一開出新大阪就立即和你打招呼是正確的。現在想起來我那時抱著行李，穿著外套就直接坐到位置上還真是個契機呢（笑）。」

「沒錯（笑）。不過，真的很幸運。」

佐織很率直地問了她所關心的一件事。

「且說優斗現在是研究所的學生，將來要做什麼呢？成為一位數學家嗎？」

「這個嘛……」

「……？」

「其實煩惱過，是否就這樣往研究的道路邁進呢？或從事商業的上班族呢？不過，實際上，聽到活潑、幹勁十足的佐織小姐講了這麼多的話後，實在深感興趣，讓我獲益良多呢。」

「你始終都是高手啊，獲益良多的反而是我呢。」

「要怎麼說呢……我開始在想進入公司上班也不錯啊。」

佐織並沒回話，默默地將一張名片遞給優斗。

「什麼時候再碰個面吧。到時我請你吃個飯，為今天的事向你道謝。」

「真的嗎!?那麼等我決定上班後請務必多加關照。」

「啊，太棒了，好期待呢。」

「好！啊，那個……這可以說是約會吧。」

優斗滿臉通紅，佐織不由得笑了出來。

「約會？哈哈哈，跟我這種歐巴桑可以嗎。」

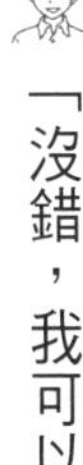

「沒錯，我可以。」

「……跟你說，這時就要否定我是『歐巴桑』啊。」

「啊……」

兩人的笑聲在車內迴響的同時，傳出列車長上田的廣播聲音。

「本列車即將抵達終點站東京。下車時請不要忘記隨身攜帶的行李。今天因為受到強風的影響，造成異物勾住架設的電線，為確保安全……」

這次也遇到久違了七年的前男友。一面聽著上田的廣播，一面馳思遐想著學生時代的點點滴滴。可能的話，那時實在很想跟他多聊一下，這是佐織的真心話。

「『思考』的基本是跟有數學頭腦的人學習是最棒的！」
「因為這種人『思考』總是很自然就上身。」

所謂的解決問題是什麼呢

我所定義的解決問題如下所述。

「邏輯性思考」搭配「構思」，對於問題最後可獲得最適切的解決。

所謂的「思考」行為，追根究柢的話就只有這兩種。

僅憑邏輯性思考有其侷限性，而隨興地只追求嶄新的創意點子也是行不通的。雙方取得平衡，問題才能解決，就如本章的「秘書問題」。

我想讀者現在也一定會有必須解決的問題。

請如本文的佐織一般，「邏輯性思考」搭配「構思」，直指問題的核心，一定會發現突破口。

EPILOGUE

—結語—

不再逃避「思考」

結語

不再逃避「思考」

佐織的決心

「橫山課長，現在方便嗎。」

隔天，佐織回到位於東京的公司上班，並立即向主管橫山課長報告昨天的事情。

「昨天在大阪向對方的小野寺部長道過歉了。」

「然後呢？對方的反應如何？」

「我想大致上已經接受了我方的道歉。不過，有關今後的交易往來，則是持否定態度。」

「算了，這也難怪。」

橫山默默地看著佐織，臉上似乎寫著「那？打算怎麼做？」

「小野寺部長對我們公司，不，對我的信賴已經蕩然無存了。」

「……」

「不過，**反過來看的話**，再也不會失去更多了。」

「……？」

「用常識來思考的話，歷經這一次慘敗的我，這項工作已經不可能再繼續做下去。不過，**我想要質疑這項常識看看**。我認為正是因為我歷經了一次慘敗，一定會有曾經歷失敗的我才提得出的建議案。現在雖然還沒想到，但仔細思考的話一定可以找到。」

橫山噗哧一笑。不過，這笑容絕非嘲笑佐織笨蛋。

「我想要再去一趟大阪拜會小野寺部長。」

「……」

「一直以來我就只是憑著隨和與一股衝勁在做事而已。所幸至今所完成的事情也還可以。不過，畢竟想法都很膚淺。我自認這次已經讓我非常了解到不能再一路這樣下去了。」

「……」

「我仔細思量，廣告這工作、客戶、公司及我本身的情形。要深思熟慮後再做事情。」

靜靜地聽的橫山終於開口說話了。

「常盤，發生什麼事了？今天好像另外一個人。」

「不……沒事。」

「是嗎。那麼，加油吧。」

「是的。」

「假如真的要再一次去拜會小野寺部長的話……」

「……？」

「到時我也跟妳一起去。既然要一決勝負，不贏不行啦！」

對於橫山的這番言論，佐織決意要「平反」。

我變了

某個星期天的午餐時間。佐織坐在東京車站附近的義大利餐廳內，餐桌對面坐著一位男士。

「那天看到妳嚇了一跳，已經七年不見了啊。」

「而且只有學生時代的印象，因此，看到你穿著一身的制服樣子，感覺到很新鮮啊～」

「我本以為妳的電話號碼或許已經改了，但下定決心打看看果然沒錯。」

這是起自那次的邂逅經過數日之後，上田打電話給佐織，邀請她「再次見面」之故。

「以前我們都年輕氣盛，難免發生種種衝突啊。」

「嗯。你說的話，讓我這笨蛋吃了不少苦頭呢。真是的！」

「……對不起。」

兩人用完餐後，啜飲著餐後咖啡。

「佐織，你還是沒變啊。」

「咦？」

「個性隨和、開朗，大夥聊天時充滿了歡樂笑聲。」

「……」

「這樣吧，如果方便的話，下次一起吃個晚餐如何？在青山有家不錯的餐館……」

佐織突然一臉認真，放下咖啡杯。

「是啊，真的沒變喔。」

「咦？」

「我從學生時代起就沒什麼改變喔。不過，這樣是不行的啊。」

「……？」

「我非常喜歡現在的工作，希望能多做點什麼。不過，若仍是老樣子的話是不行的啊。我本身沒改變是不行的。」

「……改變？」

對於佐織那副令人驚訝的認真表情，上田接不上話。

「若是以前的我，與你一起吃晚餐將會很高興地赴約。畢竟Don't think. Feel!!（不用想，憑感覺！）是我的座右銘。」

「……」

「不過呢，這樣下去一定不行的。」

佐織眼下在想什麼，想要說什麼呢，上田似乎感覺得出來。

「對於你的邀請感到非常榮幸，但讓我仔細考慮後再說吧。」

察覺到這其實就是說ＮＯ的上田，「呼」地嘆了一口氣，很有風度地笑了一下。

「是喔。了解。」

「……」

「我收回前面說的話。」

「咦？」

「佐織，妳真的有些不一樣了。」

走出餐廳的佐織和上田道別後，兩人互往相反的方向走去。

希望變得被說是「變得像是另外一個人」。

佐織開始認真地這麼想。

給佐織有改變機會的是淺野優斗這位年輕人。

若是真的有機會再碰面的話，希望呈現出自己已有所改變的一面。佐織邊想邊邁開步伐。

她高跟鞋發出的聲音比以往還稍微有力，叩叩地在東京的街上響著。

後記

深思熟慮。

每位上班族都需要這種行為。

常盤佐織很幸運地碰到淺野優斗，而能了解到數學人「思考」的一部分。雖然僅是一小部分，就算只有這樣，但她的人生已經開始改變。

若能改變你的思考，即使只是一點點，你的人生也一定會不一樣。

接下來看你了。

筆者誠摯地期盼閱讀過本書的讀者能牢牢地學會「思考」的基本，像佐織一樣發生些許的改變。

2015年11月　深沢真太郎

PROFILE

深沢真太郎 (Shintaro Fukasawa)

商用數學專家／教育顧問，致力於提倡可鍛鍊一般企業人士的思考能力及運用數字能力的「商用數學」，並從事培育人才，為此一領域的先驅者。深沢真太郎協助各大型企業培育人才，迄今已有6000名以上的指導經驗。此外，全國各大學也爭相委託擔任研討會講師。100%都會一再邀請前往授課，是位超人氣的講師。著作有『數學女子智香傳授 如何在工作上運用數字』（日本實業出版社）、『可運用在工作上的數學』（鑽石社）等書。公益財團法人日本數學檢定協會『商用數學檢定』1級AAA，為日本國內最高等級。日本BM咨詢顧問公司董事長（代表取締役）／理工碩士（數學）／多摩大學兼任講師。

TITLE

失速社會裡，狡猾思考是你最強的武器

STAFF

出版　瑞昇文化事業股份有限公司
作者　深沢真太郎
譯者　余明村
監譯　高詹燦

總編輯　郭湘齡
責任編輯　黃美玉
文字編輯　莊薇熙　黃思婷
美術編輯　朱哲宏
排版　曾兆珩
製版　大亞彩色印刷股份有限公司
印刷　桂林彩色印刷股份有限公司
　　　綋億彩色印刷有限公司

法律顧問　經兆國際法律事務所　黃沛聲律師

戶名　瑞昇文化事業股份有限公司
劃撥帳號　19598343
地址　新北市中和區景平路464巷2弄1-4號
電話　(02)2945-3191
傳真　(02)2945-3190
網址　www.rising-books.com.tw
Mail　resing@ms34.hinet.net

初版日期　2017年4月
定價　280元

國家圖書館出版品預行編目資料

失速社會裡,狡猾思考是你最強的武器 /
深沢真太郎作 ; 余明村譯.
-- 初版. -- 新北市 : 瑞昇文化, 2017.03
238面 ; 14.8公分X21公分
ISBN 978-986-401-157-5(平裝)

1.職場成功法 2.思考

494.35　　106002072

國內著作權保障，請勿翻印／如有破損或裝訂錯誤請寄回更換
SOMOSOMO RONRITEKINIKANGAERU TTE NANIKARA HAJIMEREBA IINO
© Shintaro Fukasawa
All rights reserved.
Originally published in Japan by NIPPON JITSUGYO PUBLISHING CO., LTD.
Chinese (in traditional character only) translation rights arranged with
NIPPON JITSUGYO PUBLISHING CO., LTD. through CREEK&RIVER CO., LTD.